一本书明白

畜禽环境
管理技术

YIBENSHU
MINGBAI
XUQIN
HUANJINGGUANLI
JISHU

席 磊　程 璞　主编

"十三五"国家重点
图书出版规划

新型职业农民书架·
养活天下系列

山东科学技术出版社　山西科学技术出版社　中原农民出版社
江西科学技术出版社　安徽科学技术出版社　河北科学技术出版社
陕西科学技术出版社　湖北科学技术出版社　湖南科学技术出版社
　中原农民出版社　　　　　　　　　　　　　联合出版

U0242788

图书在版编目（CIP）数据

一本书明白畜禽环境管理技术 / 席磊，程璞主编.
—郑州 : 中原农民出版社, 2017.10
（新型职业农民书架）
ISBN 978-7-5542-1783-2

Ⅰ.①—··· Ⅱ.①席··· ②程··· Ⅲ.①畜禽舍—环境
卫生—环境管理 Ⅳ.①S851.2

中国版本图书馆CIP数据核字（2017）第234679号

一本书明白畜禽环境管理技术

主 编：席 磊 程 璞
副主编：王晋晋 王慧军 魏爱娟

出版发行	中原农民出版社	
	（郑州市经五路66号 邮编：450002）	
电 话	0371-65788655	
印 刷	河南安泰彩印有限公司	
开 本	787mm×1092mm 1/16	
印 张	14.5	
字 数	236千字	
版 次	2018年9月第1版	
印 次	2018年9月第1次印刷	
书 号	ISBN 978-7-5542-1783-2	
定 价	58.00元	

目录
Contents

专题一
畜禽温热环境管理关键技术

专题提示

　　温热环境是影响畜禽健康和生产力的重要环境因素之一，主要由空气温度、湿度、气流速度和太阳辐射等温热因素综合而成。温热环境主要通过热调节对畜禽发生作用，其对畜禽健康和生产力的影响，因畜禽种类、品种、个体、年龄、性别、被毛状态以及对气候的适应性等条件的不同而不同。

I 畜禽舍温度管理技术

一、空气温度

（一）空气温度的相关概念

　　空气温度也就是气温，是表示空气冷热程度的物理量。空气中的热量主要来源于太阳辐射，太阳辐射到达地面后，一部分被反射，一部分被地面吸收，使地面增热；地面再通过辐射、传导和对流把热传给空气。而太阳辐射直接被大气吸收的部分使空气增热的作用极小，只能使气温升高 $0.015 \sim 0.02℃$。空气温度等级分类见表1。

表1　空气温度等级分类

极寒	-40℃或低于此值	奇寒	-39.9 ~ -35℃
酷寒	-34.9 ~ -30℃	严寒	-29.9 ~ -20℃
深寒	-19.9 ~ -15℃	大寒	-14.9 ~ -10℃

小寒	−9.9 ~ −5℃	轻寒	−4.9 ~ 0℃
微寒	0 ~ 4.9℃	凉	5 ~ 9.9℃
温凉	10 ~ 11.9℃	微温凉	12 ~ 13.9℃
温和	14 ~ 15.9℃	微温和	16 ~ 17.9℃
温暖	18 ~ 19.9℃	暖	20 ~ 21.9℃
热	22 ~ 24.9℃	炎热	25 ~ 27.9℃
暑热	28 ~ 29.9℃	酷热	30 ~ 34.9℃
奇热	35 ~ 39℃	极热	高于40℃

(二)空气温度的变化特点

空气温度的空间分布主要受到纬度、海陆分布和海拔的影响。等温线与纬线平行，从赤道向两极，其值逐渐减小。由于海陆热力差异同一纬度上海陆气温分布是不同的，冬季海洋相对于同纬度大陆是热源，夏季则正相反。海拔对气温的影响表现为在同一地区，高度不同气温明显不同。空气温度在垂直方向的变化特点见表2。

表2 空气温度在垂直方向的变化特点

大气分层	高度位置	温度特点	与人类的关系	备注
对流层	是紧挨地面的一层，其厚度随纬度和季节而变化，厚度范围为8 ~ 18km，纬度越高厚度越小，气温越低厚度也越小	气温随高度增加而递减（平均每升高100m气温下降0.6℃）；空气对流运动显著；天气现象复杂多变	与人类关系最为密切	整个大气质量的3/4和几乎全部的水汽、杂质都集中在该层
平流层	从对流层顶至50 ~ 55km	下层随高度增加气温变化很小，30km以上温度随高度增加而迅速上升；大气运动以水平运动为主；大气平稳，能见度高，有利于飞行	距离地面22~27km处臭氧含量达到最大值，形成臭氧层	

大气分层	高度位置	温度特点	与人类的关系	备注
中间层	从平流层顶至85km	气温随高度的增加而迅速降低；垂直对流运动强烈		该层有"高空对流层"之称
电离层（暖层）	从中间层顶至500km	气温随高度增加而迅速上升		
逸散层（外层）	电离层以上	空气质点经常逸散到星际空间，是地球大气向星际空间过渡的层次		

（三）气温对畜禽生产的影响

1. 气温对畜禽生产力的影响

（1）繁殖　畜禽的繁殖活动，不仅受光照的影响，气温也是一个重要的影响因素。高温能降低公畜禽的精液品质，抑制畜禽的性欲。高温对母畜禽繁殖性能的影响是多方面的。如在配种前后及整个妊娠期间，高温环境对母畜的繁殖性能均有不利的影响。高温可使母畜的发情受到抑制，表现为不发情或发情期短或发情表现微弱，这时卵巢虽有活动，但不能产生成熟的卵子，也不排卵，从而影响受精率。高温可影响受精卵和胚胎存活率。受精卵在输卵管内对高温最为敏感，胚胎在附置前这个阶段，受高温刺激时死亡率很高。

（2）生长、育肥　各种动物在不同的年龄内，有它最适宜的生长温度，在这种温度下，生长最快，饲料利用率最高，育肥效果最好，饲养成本最低。这个温度一般认为在该动物的等热区内。当气温高于临界温度时，由于散热困难，引起体温升高和采食量下降，生长育肥速率亦伴随下降。气温低于临界温度，动物代谢率提高，采食量增加，饲料消化率和利用率下降。猪生长、育肥的最适温度为15～25℃，随着体重的增加，适宜温度下降。温度对猪采食量等的影响见表3。雏鸡生长的最适温度，随日龄的增加而下降，1日龄为34.4～35℃，此后有规律地下降，到18日龄为26.7℃，32日龄为18.9℃。牛的生长、育肥的适宜温度受品种、年龄、体重等因素的影响。

表3 温度对猪（70～100kg）采食量、增重和饲料效率的影响

温度（℃）	采食量（kg/d）	摄入可消化能（MJ）	日增重（kg）	产品总能（MJ）	饲料/增重	能量效率（%）
0	5.07	64.58	0.54	12.56	9.45	19.4
5	3.76	47.9	0.53	12.33	7.1	25.7
10	3.5	44.59	0.8	18.61	4.37	41.7
15	3.15	40.13	0.79	18.38	3.99	45.8
20	3.22	41.02	0.85	19.78	3.79	48.2
25	2.63	33.5	0.72	16.75	3.65	50.1
30	2.21	28.15	0.45	10.47	4.91	37.1
35	1.51	19.23	0.31	7.21	4.87	37.4

（3）产乳　气温对产乳的影响，因家畜的种类、品种、生产力等而不同。泌乳牛在低温环境中，食量增加，产乳量却下降。越是高产牛，对高温越敏感；在高温下采食量和泌乳量都大幅度下降，见表4。

表4 温度和湿度对产乳量的影响

温度（℃）	相对湿度	荷斯坦牛（%）	娟珊牛（%）	瑞士黄牛（%）
24	低（38%）	100	100	100
24	高（76%）	96	99	99
34	低（46%）	63	68	84
34	高（80%）	56	56	71

（4）产蛋　在一般饲养管理条件下，各种家禽产蛋的最适温度为12～23℃，高温可使产蛋量、蛋重和蛋壳质量下降，见表5。

表5 不同温度下鸡的饲料消耗和产蛋量

环境温度（℃）	7.2	14.6	23.9	29.4	35
日采食量（干物质）（g）	101.5	93.3	88.4	83.3	76.1

环境温度(℃)	7.2	14.6	23.9	29.4	35
日采食量(干物质)(g)	101.5	93.3	88.4	83.3	76.1
日食入代谢能(kJ)	1 301	1 197	1 138	1 075	98.3
产蛋率(%)	76.2	86.3	84.1	82.1	79.2
平均蛋重(g)	64.9	59.3	59.6	60.1	58.5
鸡日产蛋重(g)	49.4	51	50.6	49.5	46.2

2. 气温对畜禽健康的影响

（1）直接引起机体发病　气温直接引致的动物疾病，大多都不是传染病。突遭寒流袭击的水牛和黄牛常发生肠痉挛，另外低温还是猪丹毒、羔羊痢疾、牛口蹄疫等疾病的诱因。

（2）通过饲料的间接影响　动物采食了冰冻块茎、块根、青贮等多汁饲料或饮用温度过低的水，易患胃肠炎、臌胀、下痢、流产等疾病。由于气温原因，使动物误食有毒植物，造成食物中度。例如，早春气温偏高，毒草萌发，往往会被牛羊采食，发生中毒。气温过低，饲草不足，气温过高，采食量下降，都可使机体的抵抗力下降，从而继发其他疾病。

（3）影响病原体和媒介虫类的存活和繁殖　适宜的温度有利于病原体和媒介虫类的存活和繁殖。寄生虫病的发生与流行都与病原体及其宿主受外界环境温度的影响有关。例如，乙型脑炎病毒蚊体内，20℃以下逐渐减少，25～30℃时迅速繁殖，受感染的蚊经过4～5d即能传播。

（4）影响动物的抗病力　在高温或低温环境中，虽然动物体温正常，但机体感染病原体后，这种不利的环境将影响疾病的预防。例如，冷应激可提高牛对外毒性大肠杆菌和传染性胃肠炎病毒的敏感性，使小鸡对沙门菌和犊牛对呼吸道传染病的抵抗力降低。高温季节奶牛临床乳腺炎的发病率很高，因为热应激使得牛对临床乳腺炎的防御能力下降。

（5）影响幼龄动物的被动免疫　初生仔畜有赖于吸收初乳中的免疫球蛋白—抗体以抵抗疾病。冷、热应激均可使母畜初乳中免疫球蛋白的水平下降，降低幼畜获得抗体的能力。冷、热应激使初生仔畜相互拥挤，并寻找温暖场所，这种热调节行为使哺乳的能力下降，减少初乳的摄入减少，使免疫球蛋白和能量的摄入量减少，最后导致疾病和死亡。

二、畜禽的体热调节

（一）体热调节的概念

体温一般是指畜禽机体深部的温度。畜禽与环境之间不断产生热量交换，不仅机体各部位温度不一样，而且从内向外逐渐降低（图1），但是恒温动物机体深部温度始终保持恒定。测量动物机体深部的温度一般比较困难，各部位温度也不完全相同，故临床上以直肠温度表示体温，这也是恒温动物热平衡的唯一指标。测定时应视畜禽的种类不同，温度计的感温部分深入直肠不同的深度，例如，成年牛马等大家畜为15cm，猪羊为10cm，小家畜和家禽等为5cm。各种动物的直肠温度见表6。

表6　各种动物的直肠温度

家畜种类	直肠温度（℃）	
	平均	变化范围
鸡	41.7	40.0 ~ 43.0
鸭	40.7	40.2 ~ 41.2
鹅	40.8	40.0 ~ 41.3
兔	39.5	38.6 ~ 40.1
猪	39.2	38.7 ~ 39.8
肉牛	38.3	36.7 ~ 39.1
奶牛	38.6	38.0 ~ 39.3
水牛	37.8	36.1 ~ 38.5
牦牛	38.3	37.0 ~ 39.1
黄牛	38.2	37.9 ~ 38.6
绵羊	39.1	38.3 ~ 39.3

家畜种类	直肠温度（℃）	
	平均	变化范围
山羊	39.1	38.5 ~ 39.7
马	37.6	37.2 ~ 38.1
驴	37.4	36.4 ~ 38.4
骡	38.5	38.0 ~ 39.0
骆驼	37.8	34.2 ~ 40.7
狗	38.9	37.9 ~ 39.9
猫	38.6	38.1 ~ 39.2
水貂	40.2	39.7 ~ 40.8
银狐	40.0	39.4 ~ 40.9
豚鼠	39.5	39.0 ~ 40.0
大白鼠	39.0	38.5 ~ 39.5
小白鼠	38.0	37.0 ~ 39.0

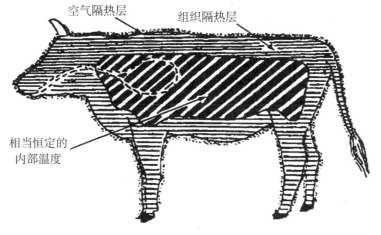

a

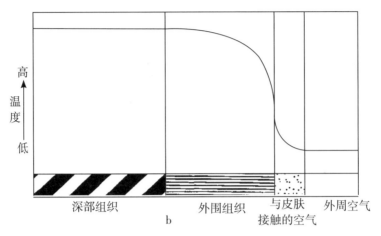

图1 畜禽与环境之间的热量交换关系

a. 动物的体温分布   b. 从动物体内到大气的温度梯度

皮温是指畜禽皮肤表面的温度。外界环境温度一般比较低，且身体的热量主要由身体的皮肤散失，所以越向身体外部温度越低。皮肤和被毛的温度常随外界温度的升降而升降，同时动物身体各个部位皮温也不相同，凡距离身体内部距离较远，被毛保温性能较差，散热面积较大，血管分布较少和皮下脂肪较厚的部位，体温较低，受外界的影响也较大。四肢下部、尾部和耳部在低温时皮温显著下降，例如，犊牛在5℃的低温环境中，直肠温度为39.5℃，胸部皮温为31.2℃，耳部仅为7℃。皮温测定一般采用多点皮温的平均值表示，见图2。

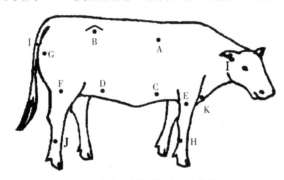

图2 牛皮肤各部位温度测定位置

（二）畜禽体热调节的过程

畜禽的体热调节包括产热和散热两个过程。

1. 产热过程

畜禽体代谢过程中释放的能量，只有20%～25%用于做功，其余都以热能形式发散体外。产热最多的器官是内脏（尤其是肝脏）和骨骼肌。内脏器官的产热量约占机体总产热量的52%；骨骼肌产热量约占25%。运动时，肌肉产热量剧增，可达总热量的90%以上。冷环境刺激可引起骨骼肌的寒战反应，使产热量增加4～5倍。产热过程主要受交感—肾上腺系统及甲状腺激素等因子的控制(图3)。因热能来自物质代谢的化学反应，所以产热过程又叫化学性体温调节。

畜禽体内的热是由代谢产生的，主要包括以下4个方面：

(1)维持代谢产热　基础代谢是指畜禽在理想条件下维持自身生存所必要的最低限度的能量代谢。

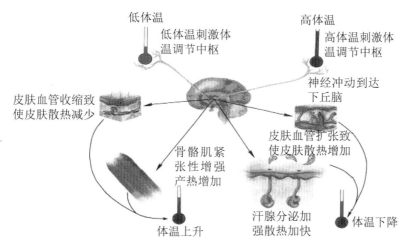

低体温　低体温刺激体温调节中枢

高体温　高体温刺激体温调节中枢

神经冲动到达下丘脑

皮肤血管收缩致使皮肤散热减少

皮肤血管扩张致使皮肤散热增加

骨骼肌紧张性增强产热增加

体温上升

汗腺分泌加强散热加快

体温下降

图3　体热调节的中枢生物控制系统

(2)体增热　体增热是畜禽采食饲料后会伴有产热增加。饥饿畜禽采食饲料后，数小时内的产热量高于饥饿时的产热量。这种因采食而增加的产热量在营养学上称为体增热。低温时，体增热可作为维持机体体温的热源，但高温时则将成为机体的额外负担。

(3)肌肉活动产热　畜禽体的所有组织器官，都在不断地氧化分解营养物质而产热。由于肌肉所占的比例较大，因而对畜禽体产热有很大影响。

(4)生产过程产热　畜禽的生长发育、繁殖和生产乳、肉、蛋、毛等畜产品，都会在维持需要的基础上增加产热量，生产水平越高，产热就越多。

2. 散热过程

畜禽体散热主要有辐射、传导、对流、蒸发等4种方式。

(1)辐射　辐射是通过发射电磁波(主要是红外线)在物体间传递热能的物理过程。通常，两个畜禽间温差越大，由高温畜禽传给低畜禽的辐射热量就越多。低温(10℃)时，辐射是畜禽散热的主要方式，散热量可占总散热量的70%。

当环境温度升高到接近或超过皮温时，畜禽不但不能通过辐射散热，而且还会接受外来的辐射热。

（2）传导和对流　传导是通过畜禽间的直接接触，由高温畜禽把热直接传递给低温畜禽。对流是传导的特殊形式，它通过气体或液体的流动传递热量。畜禽体散热时，首先通过组织的传导和血液的对流，把体内的热量传递到体表，再从皮肤表面传递给与之接触的空气和物体。有风时，由于空气流动较快，体表热量能较多和较快地通过流动的空气带走，散热效果增强。因此，影响对流散热的主要因素是风速。风速越大，对流散热量越多。

（3）蒸发　蒸发散热是借助体内水分由液态转化为气态而将热能带走的过程。蒸发是畜禽散热的重要方式之一。当环境温度升高到接近或超过体温时，传导、对流、辐射这3种散热作用消失，蒸发散热成为唯一的散热方式。决定蒸发散热的主要条件是周围环境，尤其是空气湿度。空气越干燥，蒸发散热越强烈。蒸发散热通过不明显的出汗（即隐汗蒸发）和出汗（即显汗蒸发）2种方式进行。出汗对于汗腺发达的家畜（如马），是气温升高时加强蒸发散热的最有效方式。狗、羊等家畜汗腺不发达或没有汗腺，加强蒸发散热的主要方式是喘息和唾液分泌，使较多水分在口腔黏膜、舌面和呼吸器官中蒸发。

（4）辐射、传导和对流散热合称为"非蒸发散热"或"可感散热"　它能使畜舍内气温上升，在寒冷时可减少畜舍采暖。蒸发散热只能使畜舍的湿度升高。

此外，通过动物胃肠道加热饲料和饮水可消耗部分体热，同时粪、尿排泄也带走少量热，但这种散热不属于正常的生理热调节范围。

3. 产热和散热的动态平衡

畜禽的产热和散热可以用图4表示。

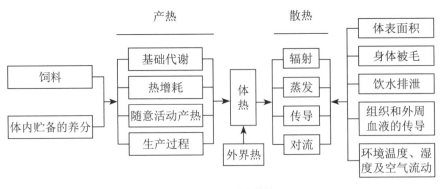

图4　畜禽的产热与散热

三、气温对体热调节的影响

（一）高温时的体热调节

1. 物理性调节

物理性调节方式包括加速外周血液循环，提高散热量；提高蒸发散热量等。通常，机体的蒸发散热量约占总散热量的25%，家禽约占17%。高温环境中，机体则主要依靠蒸发散热。蒸发散热可通过皮肤和呼吸道两种途径进行，不同的畜禽这两种途径散失的热量差别很大（如表7）。猪的物理性体温调节见图5。

图5　猪的体热调节方式

表7　温度对鸡蒸发散热和非蒸发散热在总散热量中的比例的影响

温度（℃）	4.4	15.6	26.7	32.2	37.8
非蒸发散热（%）	90	80	60	47	40
蒸发散热（%）	10	20	40	53	60

2. 化学性调节

在高温环境中，动物一方面增加散热量，同时还要减少产热量。在行为上表现为采食量减少或拒食，肌肉松弛，嗜睡懒动；内分泌机能也发生变化，甲状腺激素分泌减少。

（二）低温时的体热调节

1. 减少散热量

随着环境温度的下降，皮肤血管收缩，皮肤血流量减少，皮温下降，皮温与气温之差减少；汗腺停止活动，呼吸变深，频率下降，可感散热和蒸发散热量都显著减少。与此同时，畜体表现出肢体卷缩、群集等；减少散热面积，通过竖毛、肢体收缩，被毛逆立以增加被毛内空气缓冲层的厚度。但是，低温时仅靠这些物理性调节还不够，必须提高代谢热。

2. 增加产热量

当环境温度下降到临界温度以下时，动物开始加强体内营养物质的氧化，以增加产热量。动物表现为肌肉紧张度提高、战抖、活动量和采食量增大，同时内分泌机能也发生相应变化。例如，环境温度从27℃下降到13℃时，东北民猪早期断奶仔猪每千克代谢体重产热量从30.8kJ/h上升到38.6kJ/h，即产热量增加了25%。动物在寒冷刺激下战抖，可使产热量增加3～5倍。

（三）热平衡的破坏

当机体产热和散热失调时，引起体温的升高或下降，机体热平衡破坏。

1. 高温

当环境温度高于畜禽的上限临界温度时，就会发生热应激，热量在体内蓄积，体温上升。若热应激时间过长，超过了畜禽所能耐受的限度，则导致体温的进一步升高，体内氧化作用加强，引起蛋白质和脂肪的分解，产热量增加。

2. 低温

在低温环境中，如果饲料供应充足，畜禽有自由活动的机会，低温对其热平衡的影响就很小。但当低温的时间过长，温度过低，超过机体代偿产热的最高限度，可引起体温持续下降，代谢率亦随之下降，机体处于病理状态。

破坏热平衡的临界温度以及畜禽所能忍受的极端气温的限度，因畜禽的种类、品种、个体、年龄、性别、体重、生产力、营养水平、体表的隔热性能以及对气候的适应程度等而不同。

四、畜禽等热区与临界温度

（一）等热区相关概念

畜禽在适宜的环境温度范围内，机体可不必利用本身的调节机能，或只通过少量的散热调节就能维持体温恒定。此时，机体的产热和散热基本平衡，代谢率保持在最低水平，通常，把这一适宜的温度范围称为等热区。将等热区的下限温度称为临界温度（常见畜禽临界温度见表8）；等热区的上限温度为上限临界温度，为有别于下限的临界温度，常称其为过高温度。等热区某一温度区域，机体无须通过任何体温调节方式，即可达到产热和散热相等，畜禽最为舒适，其代谢强度和产热量处于生理的最低水平，故把这一区域称为最佳温度区域（图6）。

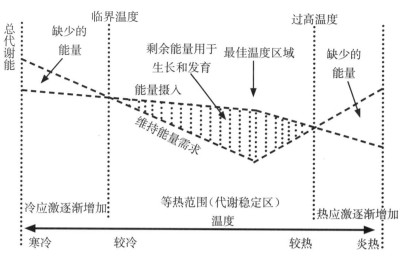

图6 最佳生产性能的温度区域

表8 常见畜禽的临界温度

猪	临界温度（℃）	绵羊	临界温度（℃）	牛	临界温度（℃）	鸡	临界温度（℃）
2kg 体重，维持，单养	31	剪毛，维持	25	犊牛第一周	8 ~ 10	雏鸡	34
2kg 体重，维持，群养	27	剪毛，丰富维持	13	3d	13	5 周龄雏鸡	22
20kg 体重，维持	26	毛长 5mm，绝食	31	10d	11	成鸡	18
20kg 体重，三倍维持，群养	15	毛长 5mm，维持	25	4 周	0	0.1kg 肉用仔鸡	28
25 ~ 50kg 体重，绝食	25	毛长 5mm，丰富给食	18	肉用母牛，维持	− 21	1kg 肉用仔鸡	16
45kg 体重维持	23.3	毛长 1mm，维持	28	乳牛，500kg 体重，干乳，妊娠	− 14		

猪	临界温度（℃）	绵羊	临界温度（℃）	牛	临界温度（℃）	鸡	临界温度（℃）
60kg 体重，维持	24	毛长 10mm，维持	22	乳牛，500kg 体重，泌乳 9kg/d	-24		
60kg 体重，三倍维持	16	毛长 50mm，维持	9	乳牛，泌乳 36kg/d	-40		
100kg 体重，维持	23	毛长 100mm，维持	-3	肉牛，高产	-1		
100kg 体重，三倍维持	14			肉牛，300kg 体重，自由采食	0		
				肉牛，500kg 体重，自由采食	-17		

（二）影响等热区临界温度的因素

畜禽生产中，影响等热区临界温度的因素很多，主要包括畜禽种类、年龄和体重、皮毛状态、饲养水平、生产力水平、管理制度、对气候的适应性和空气环境因素等。

1. 畜禽种类

凡体型较大，相对体表散热面积较小的家畜，一般较耐低温不耐高温，其等热区较宽，临界温度较低。例如，在完全饥饿状态下测定的临界温度：兔子 27 ~ 28℃，猪 21℃，阉牛为 18℃，鸡 28℃。在饥饿状态下的等热区：鸡为 28 ~ 32℃，鹅为 18 ~ 25℃，山羊为 20 ~ 28℃，绵羊为 21 ~ 25℃。

2. 年龄和体重

随着年龄和体重的增长，临界温度下降，等热区增宽。例如，体重 1 ~ 2kg 的哺乳仔猪为 29℃，6 ~ 8kg 下降为 25℃，20kg 为 21℃，60kg 为 20℃，100kg 为 18℃。

3. 皮毛状态

被毛致密或皮下脂肪较厚的动物，保温性能好，等热区较宽，临界温度较低。例如，进食维持日粮、被毛长 1 ～ 2mm、刚剪毛绵羊的临界温度为 32℃，被毛 18mm 的为 20℃，被毛 120mm 的为 -4℃。

4. 饲养水平

日粮营养水平决定热增耗的多少，饲养水平愈高，体增热愈多，等热区宽。例如，被毛正常的阉牛，维持饲养时临界温度为 7℃，饥饿时升高到 18℃；刚剪毛摄食高营养水平日粮的绵羊临界温度为 24.5℃，采食维持日粮时为 32。营养状况好的家畜临界温度较低。

5. 生产力水平

畜禽生产包括泌乳、劳役、生长、育肥、妊娠、产蛋等，凡生产力高的家畜其代谢强度大，体内分泌合成的营养物质多，因此产热较多，故临界温度较低。例如，日增重 1.0kg 和 1.5kg 的肉牛，其临界温度分别为 -13℃和 -15℃。

6. 管理制度

群体饲养的家畜，由于相互拥挤，减少了体热的散失，临界温度较低，而单个饲养的家畜，体热散失就较多，临界温度较高。例如，4 ～ 6 头体重 1 ～ 2kg 的仔猪放在同一个代谢笼中测定，其临界温度为 25 ～ 30℃；个别测定，则上升到 34 ～ 35℃。此外，较厚的垫草或保温良好的地面，都可使临界温度下降，猪在有垫草时 4 ～ 10℃的冷热感觉与无垫草时 15 ～ 21℃的感觉相同。

7. 对气候的适应性

生活在寒带的畜禽，由于长期处于低温环境，其代谢率高，等热区较宽，临界温度较低，而炎热地区的畜禽恰好相反。动物夏季换粗毛，可使临界温度提高，冬季换绒毛则相反。

8. 空气环境因素

临界温度是在无风、无太阳辐射，温度、湿度适宜的条件下测定的，其结果不一定适合自然条件。在田野中，风速大或湿度高，机体散热量增加，可使临界温度上升。例如，奶牛在无风环境里的临界温度为 -7℃，当风速增大到 3.58m/s 时，则上升到 9℃。高温度、强辐射则使畜禽临界温度和过高温度降低。

（三）等热区和临界温度在畜禽生产中的应用

等热区和临界温度在畜禽生产中具有广泛的应用，对于提高生产效益、降低生产成本具有重要意义。

1. 提高饲料利用率和经济效益

将环境温度设定在等热区范围内，可保证家畜的生产力得到充分发挥，获得较高的饲料利用率和经济效益。然而，要使畜舍温度维持在各种家畜较窄的等热区范围内，不仅会大大增加投资，且技术上也难以做到。因此，实际生产中，可将这一温度范围适当放宽。放宽后的温度区域，一般不会导致家畜的生产力明显下降和健康状况明显恶化，同时又能符合经济和生产技术要求。通常，称这一温度区域为生产适宜温度范围。生产适宜温度范围远较等热区宽。

2. 为建立畜舍提供理论依据

查询不同畜舍的适宜温度和改善饲养管理措施，以及为畜舍建立卫生要求等提供了理论依据。

五、温度应激与畜禽生产

任何冷热极端的温度，特别是畜禽经受极端温度中的突然变化，就会产生应激，即温度应激。温度应激对畜禽生产具有极大的危害，按照引发应激反应的温度高低可分为热应激和冷应激。夏季畜群易发生热应激，伴随着集约化、高密度的饲养方式的快速发展，高温环境给畜禽养殖场带来的环境压力，以及因热应激导致的畜禽生产力下降，已不容忽视。我国大部分地区寒冷季节漫长，畜禽舍一般都缺乏加温设备或保温不足，致使畜禽群或长或短地处于冷应激状态。畜禽养殖场工作人员应充分了解应激对畜禽生产和健康的影响，掌握改善温度应激的措施，才能有效地应对温度应激对畜禽生产造成的损害，提高生产效益。图7为温湿指数对奶牛热应激的影响，图8为生长育肥猪的湿热应激指数。

c	20	30	40	50	60	70	80	90	100
22	66	66	67	68	69	69	70	71	72
24	68	69	70	70	71	72	73	74	75
26	70	71	72	73	74	75	77	78	79
28	72	73	74	76	77	78	80	81	82
30	74	75	77	78	80	81	83	84	86
32	76	77	79	81	83	84	86	88	90
34	78	80	82	84	85	87	89	91	93
36	80	82	84	86	88	90	93	95	97
38	82	84	86	89	91	93	96	98	100
40	84	86	89	91	94	96	99	101	104

■ 表示无热应激; ■ 表示中等程度热应激; ■ 表示严重热应激;
■ 表示奶牛将发生死亡。

图 7　温湿指数对奶牛热应激的影响

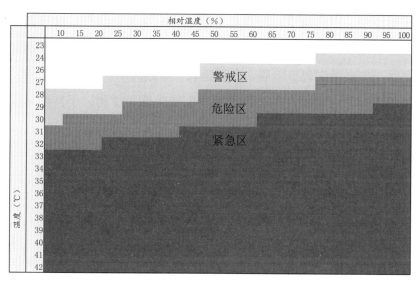

图 8　生长育肥猪的湿热应激指数

（一）温度应激对畜禽生产的影响

1. 热应激对畜禽生产的影响

（1）热应激对畜禽的急性危害　由于环境温度过高，畜禽体热难以散发，或者肌肉剧烈活动产热过多，导致体温剧烈上升，代谢率急剧上升，肝糖原迅速耗尽，心力衰竭，肺充血进而肺水肿。例如，当体温达到 43～44℃时，猪出现惊厥或昏迷，进而导致呼吸衰竭或心衰死亡（急性中暑）。这些情况在畜禽养殖场比较少见，因此其危害性远低于热应激的慢性危害。

（2）热应激对畜禽的慢性危害　在长期的非致命的高热环境影响下，畜禽为了生存适应，发生了一系列的生理生化与行为机能上的适应性强制改变（图9），而这种改变对畜禽的生产、生长性能会产生多方面的负面影响，主要表现为：

1)公畜繁殖性能的下降　热应激下，公畜表现性欲低下、不愿配种，射精量减少，精液品质下降，精子数量减少、活力降低、畸形率高，配种受胎率低，产仔数少。例如，公猪在27℃环境下持续2周后，精子活力就会下降，且异常精子的数量显著增多。如果舍内气温超过29℃，那么此后4～6周公猪的精液品质都会下降。高温时应对公畜的呼吸频率进行监控。例如，正常情况下公猪的呼吸频率是每分钟25～35次，如果出现了热应激，呼吸频率可达每分钟75～100次。如果呼吸频率达到了40～50次，应采取措施为公猪降温。

2)母畜繁殖性能的下降　受热应激影响，母畜发情推迟、不发情、发情不明显或屡配不孕、排卵减少；妊娠母畜胚胎死亡率高、流产；热应激时食欲下降，体能储备减少，而分娩是一个高耗能的过程，因此热应激下分娩就出现体能相应不足，加之激素调节障碍，产程延长，导致滞产、死胎增多，胎衣不下，产后感染概率上升。同时，亦导致产后少乳或无乳、便秘、子宫复原推迟、泌乳期失重增加、产后发情推迟、返情增多等现象。

3)生长受阻、料重比上升　热应激使畜禽本能地降低了垂体与神经内分泌系的活动，胃肠蠕动减慢，胃液等消化液分泌减少，食量减少，因而生长减慢，料重比上升。有资料显示：当气温从25℃每上升1℃时，生长育肥猪日增重每天会减少15～40g，采食量则减少0.1～0.35kg。

4)行为紊乱　为了散热降温，畜禽的自洁行为紊乱，在睡床处排尿，在排泄处卧睡；为了争夺地盘，咬斗行为增多。畜群和谐的关系破坏，导致生长减缓，管理难度加大。

5)免疫力下降，感染性疾病的发病率升高　例如，长时间热应激情况下，造成猪的高水平糖皮质激素性的免疫抑制，由此引发的夏季感染性疾病（如PRRS、PCV2、PRV、附红细胞体病）的发病率升高已成为许多猪场的棘手问题。

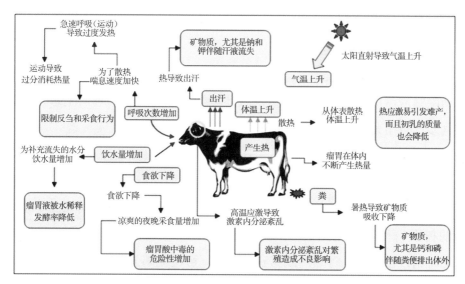

图9 热应激时牛的反应和变化

2. 冷应激对畜禽生产的影响

（1）冷应激对畜禽健康与成活率的影响　低温能导致畜禽抗病力降低，易发生传染病，同时由于呼吸道、消化道的抵抗力降低，常发生气管炎、支气管炎、胃肠炎等，低温高湿还常造成肌肉风湿、关节炎等。低温对幼畜的影响更为严重，在低温环境下，仔猪出生后机械性死亡的比例大幅度增加，如冻死、压死、饿死、病死(肺炎、腹泻、营养不良)，仔猪健康和生长均会受影响。

（2）冷应激对畜禽饲料消化率的影响　饲料消化率与其在畜禽消化道中的停留时间成正比，饲料在畜禽消化道中停留时间越长，其消化率越高；反之则消化率越低。畜禽在低温环境中，胃肠蠕动加强，食物在消化道停留时间短，消化率降低。

（3）冷应激对畜禽增重及饲料利用率的影响　畜禽在低温环境中，机体散热量大大增加，为保持体温恒定，机体必须加快体内代谢以提高机体产热量，这样畜禽的维持需要也明显增加，虽然采食量上升，但用于生长的能量仍有限，生长和增重会下降，因而饲料的利用率明显降低。

（4）冷应激对畜禽繁殖力的影响　在低温冷应激下，公畜繁殖力下降。例如，在低温环境下，容易发生公猪性欲低下，产精量和精子活力下降，配种能力不高；后备和空怀母猪发情推迟或出现隐性发情；妊娠母猪死胎和流产增加等现象。

（5）冷应激对畜禽场日常管理的影响　冬季冰雪环境下，不利于畜禽转群和各种运输，消毒效果降低等。

（二）温度应激的调控措施

1. 热应激的应对措施

消除热应激的基本原则是尽量消减环境热应激的负面影响，生理功能调节应该同步。以下是应对热应激的一些具体措施：

（1）降低畜禽舍小环境的温度　最大限度地增加通风与对流（机械、自然），加快体表散热速度，在实践中，增加地窗数量是增加自然通风对流的好办法；搞好畜禽场绿化，调节小环境，减少热辐射，畜禽舍东、南、西三面种植冬天落叶的树木（青桐、法桐、泡桐或速生杨树等），树叶遮阳可以减少约60％的太阳热辐射；舍顶增设防晒网或搭建遮阳棚，可避免阳光直射，有效降低室温；公畜舍可安装空调与水浴；采用"湿帘风机"降温系统可降低栏舍内温度4～7℃（平均4.8℃），并可改善湿度、空气质量等环境条件；增加冲洗地坪次数，辅助降温。

（2）改进管理，避免人为热应激　保证畜禽体表干净、保证充足的饮水，且水温尽量保持凉快；把干料改为湿料，调整饲喂时间（早上提前喂料、下午推后喂料，尽量避开天气炎热时投料），增加饲喂次数（夜间加喂1次），可增加畜禽采食量，但要保证饲料质量，防止发生霉变；适当减少公畜的使用次数，尽可能地避开高温时段配种，敞开环境下配种应在早上8点前，傍晚6点后进行；注射疫苗和畜禽转群，应安排在早晚进行；经常保持舍内清洁卫生，加强畜禽舍冲洗消毒。

（3）合理调整饲料配方，适当提高饲料营养浓度　高温条件下，畜禽为了减少体增热，减少散热负担，势必会减少采食量，造成能量、蛋白质等营养物质摄入不足，从而影响生长发育。对饲料配方做必要的调整，已成为克服热应激的有效措施之一。例如，养猪生产中的建议措施：①饲料中添加2％～4％的脂肪和0.1％～0.2％的氨基酸，种猪日粮中使用部分颗粒性钙源，以达到改善适口性、提高采食量的目的。②小苏打拌料：育肥猪0.3％拌料，孕母猪和空怀母猪0.5％拌料，哺乳母猪和种公猪0.8％拌料，可缓解呼吸性碱中毒、提高抗热应激的功能。

（4）添加抗应激剂，增强适应性和抵抗热应激的能力　饲料添加或饮水添加电解质，为体内缓冲系统提供"原料"，加强体内缓冲系统的平衡能力，稳定血液 pH，维持细胞渗透压等，以恢复原有的动态平衡；添加应激生理调控剂，提高应激阈值，降低机体对应激原的敏感性，提高抵抗热应激的能力；添加具有开胃健脾、清热消暑、保护肠道健康、促进消化功能的饲料添加剂，提高采食量，促进消化吸收。例如，养猪生产中的建议措施：①高温环境中，在饮水中添加蔗糖、电解质（口服补液盐等）。②温度超过 34℃ 时，每千克饲料添加维生素 C 400mg/kg，维生素 E 200IU/kg。③中药预防：如恒丰强公司生产的七味黄芪（组方：黄芪、石膏、山楂、甘草等）250ml 供 100kg 体重，饮水 2h 内用完，其中石膏具有清热泻火、除烦止渴的功效，对于外感热病、高热中暑、湿疹及流行性乙型脑炎等均有预防和治疗作用；黄芪在兽医上多应用，其主要成分黄芪多糖及黄芪苷和维生素类，参与细胞免疫、体液免疫，提高机体免疫力，山楂、甘草可以缓解炎热环境对商品猪的影响，提高增重和饲料利用率。

总之，在防治畜禽热应激的过程中，要从实际出发，当环境条件发生变化时，包括生物、物理、化学、特种心理或管理条件等的变化，养殖场的工作人员必须采取相应的措施，给畜禽生产和生长创造一个适宜生长的环境，最大限度地挖掘畜禽生产潜力，在多种制约因素中寻求最佳的平衡点。

2. 冷应激的应对措施

(1)加强科学饲养　加强畜禽营养，增加能量饲料在日粮中所占的比例。例如，冬季奶牛日粮中精饲料每天要比正常饲养标准增加 10%～15%，可以有效提高牛的防寒能力。

(2)加强日常管理　由于冬季温度较低，畜禽容易出现拥挤、扎堆的现象，在日常管理中要注意观察，避畜禽拥挤、滑倒；在放牧和运动中，严禁打冷鞭、急赶猛转、摔倒等现象的发生。切不可单纯为了保温，不进行通风换气，应保持舍内一定的气流速度，一般认为冬季舍内气流速度应在 0.1～0.2m/s，方可使畜禽舍内氨气浓度不超标。

(3)增强抗冷应激的能力　冬季要时刻注意天气变化，在寒流到来之前就采取适当的措施，尽量减少冷应激。例如，在奶牛生产中，为了预防奶牛感冒，定期添喂 0.5%～1.0% 板蓝根和甘草，饲喂期为 3 个月；添加亚硒酸钠，每 100g 拌料 30kg；微量元素每 100kg 饲料加入 1.5kg，即每头奶牛每天 125g；奶牛多种维生素 500g 拌料 250kg，以增强奶牛机体抵抗力和免疫功能。新生犊牛应注意消化不良等疾病的发生，出生后尽快吃上初乳或在乳中添加乳酸菌素进行预防；饮用 1%～3% 生石灰泡的干草水，可预防牛犊腹泻病的发生。

六、畜禽舍温度控制

（一）畜禽舍温度的来源与分布

正常情况下，舍内垂直温差一般在 2.5～3.0℃，或每升高 1m，温差不超过 0.5～1.0℃。寒冷季节，舍内的水平温差不应超过 3℃。实际生产中为减小舍内温差，在进行畜舍设计时，可通过加强墙体等围护结构的保温隔热设计，减少门、窗等缝隙的冷风渗透等加以实现。主要畜禽所需的环境参数见表 9。

表 9　主要畜禽所需的环境参数

家畜		适宜温度（℃）	生产环境温度（℃）	光照时间（h）	光照强度（lx）	空气微生物含量（千个/m³）
猪	妊娠母猪	13～20	10～25	14～18	75	小于100
	分娩母猪	15～25	10～30	14～18	75	小于60
	带仔母猪	17～20	15～25	14～18	75	小于50
	初生仔猪	32～34	27～32	14～18	75	小于50
	后备母猪	15～27	10～25	14～18	75	小于50
	育肥猪	15～20	10～30	8～12	50	小于80
牛	成年公牛	0～20	5～30	16～18	75	小于70
	肉用母牛	8～10	5～30	16～18	75	小于70
	乳用母牛	5～25	－5～30	16～18	75	小于70
	犊牛	12～18	16～18	16～18	100	小于50
	青年牛	5～20	0～30	14～18	50	小于70
	肉牛	10～24	5～30	6～8	50	小于70
	小阉牛	15～24	10～30	6～8	50	小于70
马	成年马	13	7～30	12～14	75	小于70
	马驹	25	20～30	12～14	75	小于50
绵羊	成年绵羊	－3～23	－5～25	8～10	75	小于70
	初生绵羊羔	27～30	27～30	8～10	100	小于50
	哺乳绵羊羔	15～20	10～25	8～10	100	小于50

家畜		适宜温度(℃)	生产环境温度(℃)	光照时间(h)	光照强度(lx)	空气微生物含量(千个/m³)
山羊	成年山羊	5～25	0～30	8～10	75	小于70
	初生山羊羔	27～30	27～30	8～10	100	小于50
	哺乳山羊羔	15～25	10～30	8～10	75	小于50
鸡	成年鸡	13～20	10～30	14～17	20～25	
	雏鸡	20～31	20～31	0～3日龄23h以后逐渐减至8h	2.5～10	
	1～30日龄	18～20	18～20	8	5～10	
	31～60日龄青年鸡	16～18	16～18	8	5～10	
	（31～60日龄）肉用仔鸡	18～23	18～25	14～16	5～10	
	火鸡(1～21日龄平养)	22～27	22～27	14～16	5～10	
	火鸡(21～120日龄平养)	18～20	18～20	14～16	5～10	
	成年火鸡（平养）	12～16	10～20	14～16	5～10	
鹌鹑	1周龄	31～34	31～34	24	5～10	
	2～5周龄（蛋用）	24～30	17～32	20	5～10	
	2～6周龄（肉用）	24～30	17～32	8	5～10	

家畜		适宜温度(℃)	生产环境温度(℃)	光照时间(h)	光照强度(lx)	空气微生物含量(千个/m³)
鸭鹅	1～30日龄（平养）	20～30	18～30	14～16	5～10	
	大于31日龄（平养）	15～25	15～25	14～16	5～10	

（二）畜禽舍温度控制技术

1. 畜禽舍防暑降温技术

（1）加强畜禽舍外围护结构的隔热设计

1）屋顶的隔热构造　畜禽舍屋顶建造应选择多种建筑材料，按照最下层铺设导热系数较小的材料，中间层为蓄热系数较大材料，最上层是导热系数大的建筑材料的原则进行铺设。这样的多层结构的优点是，当屋面受太阳照射变热后，热传导蓄热系数大的材料层而蓄积起来，而下层由于传热系数较小、热阻较大，使热传导受到阻抑，缓和了热量向舍内的传播。当夜晚来临，被蓄积的热又通过其上导热性较大的材料层迅速散失，从而避免舍内白天升温而过热。屋顶除了具有良好的隔热结构外，还必须有足够的厚度。例如，京、津地区大型蛋鸡舍采用200mm厚加气混凝土条板屋顶（水泥砂浆找平层20mm厚，二毡三油防水层10mm厚）（图10），外表面做浅色处理（$\rho=0.5$），则屋顶的热惰性指标 D＝3.29，总衰减倍数 vov＝19.11，总延长时间 7.2h。

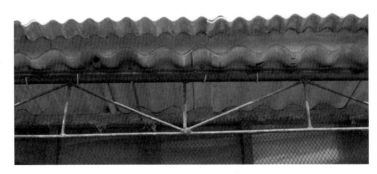

图 10　畜禽舍屋顶隔热结构

2）充分利用空气的隔热和流动特性　空气用于屋面隔热时，通常采用通风屋顶（图11）来实现。所谓通风屋顶是将屋顶做成两层，间层中的空气可以流动，上层接受太阳辐射热后，间层空气升温变轻，由间层上部开口流出，外界较冷空气由间层下部开口流入，如此不断把上层接受的太阳辐射热带走，大大减少经下层向舍内的传热，此为靠热压形成的间层通风。在外界有风的情况下，空气由迎风面间层开口流入，由上部和背风侧开口流出，不断将上层传递的热量带走，此为靠风压的间层通风，大大减少了通过屋顶下层传入舍内的热量。一般间层适宜的高度：坡屋顶可取 120～200mm；平屋顶可取 200mm 左右。为了保证通风间层隔热良好，要求间层内壁必须光滑，以减少空气阻力，同时进风口尽量与夏季主风方向一致，排风口应设在高处，以充分利用风压与热压。

夏热冬冷地区不宜采用通风屋顶，因其冬季会促使屋顶散热不利于保温。但可以采用双坡屋顶设置天棚，在两山墙上设风口，夏季也能起到为屋顶通风的作用；冬季可将山墙风口堵严，以利于天棚保温。

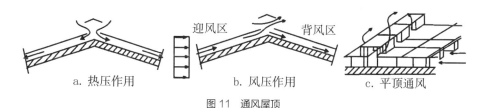

图 11　通风屋顶

此外，还可以通过设置通风地窗，即在靠近地面处设置地窗，使舍内形成"扫地风"、"穿堂风"，直接吹向畜体，防暑效果较好。但在冬冷夏热地区，地窗应做成保温窗，屋顶可采用能调节的通风管，以便冬季控制排风量或关闭风管，利于防寒，如图 12 所示。

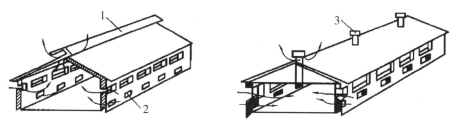

图 12　通风屋脊、地窗和屋顶风管
1. 通风屋脊　2. 地窗　3. 屋顶通风管

3）浅色外墙　目的是为了减少太阳辐射热。舍外表面的颜色和光滑程度，决定其对太阳辐射热的吸收与反射能力（图 13）。色浅而平滑的表面对辐射热吸收少而反射多；反之则吸收多而反射少。若深黑色、粗糙的油毡屋顶，对太阳辐射热的吸收系数值为 0.86；若红瓦屋顶和水泥粉刷的浅灰色光平面为

0.56；而白色石膏粉刷的光平面仅为 0.26。由此可见，采用白色或浅色、光平面屋顶，可减少太阳辐射热向舍内传递，是有效的隔热措施。

图 13　畜禽舍的外围墙

4) 墙壁隔热设计　要使墙壁具有一定的隔热能力，宜采用热惰性指标较大、热稳定性较好的材料，如聚氨酯夹芯板，并保持适当的厚度。另外，在满足生产管理的前提下，适当降低墙壁高度和墙壁上的窗户面积，也有较好的效果。

（2）遮阳与绿化

1) 遮阳　遮阳是指一切可以遮断太阳辐射的设施与措施。可在畜禽舍顶、门口窗口上及运动场上面搭建遮阳棚或遮阳网，以降低周围地面温度，形成阴凉小气候（图 14）。另外，还可以采取加宽屋檐，设置整体卷帘，屋顶（特别是石棉瓦屋顶）加盖稻草或草帘，阻隔阳光直射，降低舍内温度。

图 14　畜禽舍遮阳设施

2）绿化 绿化是指栽树、种植牧草和饲料作物以覆盖裸露地面，吸收太阳辐射，降低养殖场空气环境温度（图15）。绿化除具有净化空气、防风、改善小气候状况、美化环境等作用外，还具有吸收太阳辐射、降低环境温度的重要作用。绿化降温的作用表现为：①通过植物的蒸腾作用和光合作用，吸收太阳辐射热以降低气温。树林的树叶面积是树林种植面积的75倍，草地上草叶面积是草地面积的25～35倍。这些比绿化面积大几十倍的叶面积通过蒸腾作用和光合作用，大量吸收太阳辐射热，从而可显著降低空气温度。②通过遮阳以降低辐射。草地上的草可遮挡80%的太阳光，茂盛的树木能挡住50%～90%的太阳辐射热。因此，绿化可使建筑物和地表面温度显著降低。绿化了的地面比裸地的辐射热低15%～40%倍。③通过植物根部所保持的水分，可从地面吸收大量热能而降低空气温度。

总之，绿化的这些作用，可使空气"冷却"，使地表温度降低，从而减少辐射到外墙、屋面和门、窗的热量。有数据表明，绿化地带比非绿化地带可降低空气温度10%～30%。

图15 畜禽场绿化

2. 畜禽舍的降温措施

（1）喷雾降温系统 喷雾降温的一种形式是用高压水泵通过喷头将水喷成直径小于100um的雾粒（图16）。雾粒在畜禽舍内飘浮时吸收空气的热量而汽化，使舍温降低。当舍温上升到所设定的最高温度时，开始喷雾，1.5～2.5min后间歇10～20min再继续喷雾。当舍温下降至设定的最低温度时则停止喷雾。常用的喷雾降温系统主要由水箱、水泵、过滤器、喷头、管路及自动控制装置组成（图17）。喷雾降温的效果与空气湿度有关，当舍内相对湿度小于70%时，采用喷雾降温，可使气温降低3～4℃；当空气相对湿度大于85%时，喷雾降温效果并不显著。在畜禽舍中使用喷雾降温设备除起到降温的作用外，还有其他效果。首先是防疫：在喷雾降温设备水箱中添加药剂可以起到撒药的作用，传播面积大且均匀，可以杀灭寄生虫等有害微生物，防止生猪感染。其次就是除臭，使用喷雾降温设备，可以起到良好的除臭作用。最后，使用喷雾降温设备可以起到加湿的作用，保持环境的湿润，使生猪感觉更为舒适。

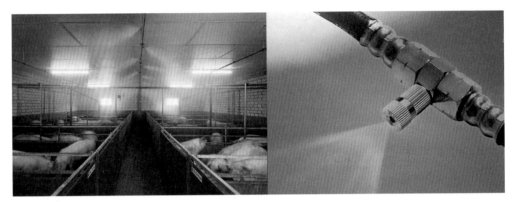

图 16 喷雾降温设备

通过试验测试，在一栋长 90m、宽度 15m 的猪舍内安装喷雾降温设备，每间隔 2m 安装一只高压喷头，开启喷雾降温设备 30min 以后，室外温度 39℃，室内温度降低到 33℃，持续使用效果更为明显。另外，为了避免持续使用喷雾降温设备导致的湿度过高问题，可以在猪舍两端安装排风扇进行通风。

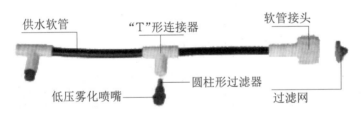

图 17 喷雾降温设备

喷雾降温设备性能优良除需要有稳定优质的压力泵以外，高压喷头的性能也十分重要。优质的高压喷头能保证产生的水雾颗粒细小，一般在 7um 左右，这样细小的水雾颗粒在接触空气以后就迅速蒸发，避免落到地面，导致潮湿。使用喷雾降温设备的成本较低，只需消耗少量的电量和水即可，根据计算每 $100m^2$ 的面积每天的电量消耗大概在 1kWh，相比较空调等设备而言，成本优势可观。

（2）湿帘风机降温系统

1）组成　湿帘风机降温系统一般由湿帘、风机循环水路和控制装置组成（图

18）。湿垫是工厂生产的定型设备，也可以自行制作刨花箱，箱内充填刨花，以增加蒸发面，构成蒸发室，在箱的上方有开小孔的喷管向箱内喷水，箱的下方由回水盘收集多余的水。供水由水泵维持循环。湿垫风机降温系统的控制一般由恒温器控制装置来完成。当舍温高于设定温度范围的上限时，控制装置启动水泵向湿垫供水，随后启动风机排风，湿垫风机降温系统处于工作状态。当舍温降低至低于设定温度范围的下限时，控制装置首先关闭水泵，再经过一段时间的延时（通常为 30min）后，将风机关闭，整个系统停止工作。延时关闭风机的目的是使湿垫完全晾干，以利于控制藻类的滋生。根据畜禽舍负压机械通风的方式不同，湿垫、风机的位置有 3 种布置方式。湿垫应安装在迎着夏季主导风向的墙面上，以增加气流速度，提高蒸发降温效果。在布置湿垫时，应尽量减少通风死角，确保舍内通风均匀，温度一致。

　　2）工作原理　湿帘风机降温系统的工作原理是水泵将水箱中的水经过上水管送至喷水管中，喷水管的喷水孔把水喷向反水板（喷水孔要面向上），从反水板上流下的水再经过特制的疏水湿垫确保水均匀地淋湿整个降温湿垫墙，从而保证与空气接触的湿垫表面完全湿透。剩余的水经集水槽和回水管又流回到水箱中。安装在畜禽舍另一端的轴流风机向外排风，使舍内形成负压区，舍外空气穿过湿垫被吸入舍内。空气通过湿润的湿垫表面导致水分蒸发而使温度降低，湿度增大。湿垫风机降温系统在鸡舍中的试验表明，可使舍温降低 5～7℃，在舍外气温高达 35℃时，舍内平均温度不超过 30℃。

图 18　湿帘风机降温系统

　　3）安装、使用注意事项　湿垫底部要有支撑，其面积不少于底部面积的50%，底部不得浸渍于集水槽中。若安装的位置能被畜禽触及，则必须用粗铁丝网加以隔离。应使用 pH 6～9 的水。应当使用井水或自来水，不可使用未经处理的地面水，以防止藻类的滋生。至少每周彻底清洗一下整个供水系统。在不使用时要将湿垫晾干（停水后 30min 再停风机即可晾干湿垫）。当舍外空气相对湿度大于 85% 时，停止使用湿垫降温。不可用高压水或蒸汽冲洗湿垫，应该用软毛刷上下轻刷，不要横刷。

（3）喷淋降温系统　在猪舍、牛舍粪沟或畜床上方，设喷头或钻孔水管，定时或不定时为家畜淋浴（图 19）。系统中，喷头的喷淋直径约 3m。水温低时，喷水可直接从畜体及舍内空气中吸收热量，同时，水分蒸发可加强畜体蒸发散热，并吸收空气中的热量，从而达到降温的目的。与喷雾降温系统不同，喷淋降温系统不需要较高的压力，可直接将降温喷头安装在自来水系统中，因此成本较低。该系统在密闭式或开放式畜舍中均可使用。系统管中的水在水压的作用下通过降温喷头的一个很细的喷孔喷向反水板，然后被溅成小水滴向四周喷洒。

图 19　喷淋降温系统

淋在猪、牛表皮上的水一般经过 1h 左右才能全部蒸发掉，因此系统运行应间歇进行，建议每隔 45～60min 喷淋 2min，采用时间继电器控制。使用喷淋降温系统时，应注意避免在畜体的躺卧区和采食区喷淋，以保持这些区域的干燥；系统运行时不应造成地面积水或汇流。实际生产中，使用喷淋降温系统一般都与机械通风相结合，从而可获得更好的降温效果。也可在畜舍屋顶安装喷淋装置，直接对畜舍屋顶进行降温（图 20）。

图20 畜舍屋顶喷淋降温

（4）滴水降温系统 滴水降温系统的组成与喷淋降温系统相似，只是将降温喷头换成滴水器（图21、图22）。滴水器安装在家畜肩颈部上方300mm处。滴水降温是一种直接降温的方法，即将滴水器水滴直接滴到家畜的肩颈部，达到降温的目的。目前，该系统主要应用于分娩猪舍中。由于刚出生的仔猪不能淋水和仔猪保温箱需要防潮，采用喷淋降温不太适宜。且母猪多采用定位饲养，其活动受到限制，因此，可利用滴水为其降温。由于

图21 滴水降温系统

猪颈部对温度较为敏感，在肩颈部实施滴水，猪会感到特别凉爽。此外，水滴在猪背部体表时，有利于机体蒸发散热且不影响仔猪的生长及仔猪保温箱的使用。滴水降温可使母猪在哺乳期间的体重下降少，仔猪断奶体重明显增加。此外，此系统也适合于在定位饲养的妊娠母猪舍中使用。滴水降温也应采用间歇进行方式。滴水时间可根据滴水器的流量调节，以既使猪颈部和肩部都湿润又不使水滴到地上为宜。比较适宜的时间间歇为45～60min。

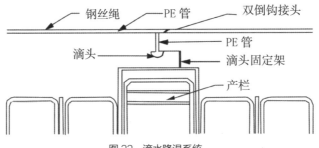

图 22　滴水降温系统

（5）冷风降温设备　冷风机是喷雾和冷风相结合的一种新型设备，国内外均有生产（图23）。有的在少数种畜舍、种蛋库、畜产品冷库中采用机械制冷（空调）降温。这种空气处理设备的核心部件是由细长、盘曲并带散热片的紫铜管构成的换热器，冬季通过热水（或蒸汽）可以采暖，而夏季通过深井冷水（或冷冻水）可以降温。

图 23　冷风降温设备

（6）地板局部降温系统　在夏季，利用低温地下水（15～20℃）通过埋在躺卧区的管道，对躺卧区进行局部降温，使家畜获得一个相对舒适的躺卧环境。该系统不仅可用于密闭式畜舍，也可用于开放舍。据李保明等报道，利用地下水进行地板局部降温，在外界温度34℃时，仍能使开放式猪舍地面的躺卧区温度维持在22～26℃，具有良好的降温效果。

（7）利用地道及自然洞穴通风降温　1985年，深圳建成了利用地道通风降温的猪舍。试验表明，空气经地道冷却后温度可降低3～5℃，猪舍内空气相对湿度小于85%。由于地下土壤热容量大和体积巨大，因此地下土层夏季的温度大大低于大气的温度。根据这一特点，可在地下一定深度（通常为3.0～4.5m）的土层中埋管或开挖地道，使舍外空气从中流过得以降温后再送入畜舍进行降温。空气在经过地下管道或地道时的冷却过程是等湿降温过程，空气冷却后其绝对湿度不变。这种降温方法不会增加湿度，因此比较适合潮湿地区使用。

需要注意的是，为保证土壤与空气间有足够和稳定的温差及换热面积，地道通风降温系统中地道必须有足够的深度和长度，因此工程量很大，投资较高。如能利用人防工程、废矿井或天然洞穴等现成地道，则会使投资大大下降。

（8）风扇　风速可加速畜禽体周围的热空气散发，较冷的空气不断与畜禽体接触，起到降温作用。

（9）电空调　特殊畜禽群使用，温度适宜，只是成本过高，不宜大面积推广。

（10）防暑降温的饲养管理技术

1）尽量降低饲养密度　饲养密度过大，会造成拥挤、堆压、积温闷圈，导致畜禽不能正常生长发育。因此，要适时出栏或调整转圈，根据畜禽生长阶段和环境条件适当减少圈内的饲养密度，减少动物自身产热，从而降低舍温，减少热应激（图24）。在目前养殖条件下，按农户的一般水平，要求出栏时肉鸡和猪的推荐饲养密度见表10和表11，按养殖面积计算进鸡、猪数再加3%～5%即可。

表10　肉鸡的推荐饲养密度（只/m²）

	春	夏	秋	冬
地面平养	9	8	9	7
网上平养	11	10	11	9

表11　猪的推荐饲养密度

猪别	体重（kg）	每头猪所占面积（m²）	
		非漏缝地板	漏缝地板
断奶仔猪	4～11	0.37	0.26
	11～18	0.56	0.28
保育猪	18～25	0.74	0.37
生长猪	25～55	0.90	0.50
	56～105	1.20	0.80

猪别	体重(kg)	每头猪所占面积(m²)	
		非漏缝地板	漏缝地板
后备母猪	113~136	1.39	1.11
成年母猪	136~227	1.67	1.37

图24　合理确定饲养密度

2）调整饲喂时间　每天喂料要做到早餐早喂，晚餐晚喂，供给新鲜饲料，减少精饲料，多喂青料和一些富含维生素C的青绿多汁饲料。对一些需要运动场的畜禽合理安排运动时间以避免高强度的日光照射。

3）冲水　对畜禽舍地面用清洁凉水浇泼或冲洗地面（图25），但注意不能用过凉的水直接泼浇畜禽体。栏舍周围或运动场是水泥地的铺上青草（稻草），防止阳光反射。

图25　运动场降温

4）加强通风，促进散热　畜禽舍内的门窗尽量敞开，促进空气对流；对通风不良及低矮的畜禽舍应安装排风扇，加快空气流通，促进散热（图26）。

5）机器检修　做好降温设备的完善与检修，包括风机、风扇的检修，水帘和水池的清洗，电机的检修（图27）。

图26　畜禽舍通风

图27　降温设备检修

3. 畜禽舍防寒与保暖措施

（1）加强畜舍外围护保温隔热设计

1）加强屋顶和天棚的保温隔热设计　天棚可采用炉灰、锯末、玻璃棉、膨胀珍珠岩、矿棉、泡沫等材料铺设成一定厚度，以提高屋顶热阻值。屋顶、天棚必须严密、不透气，防止水汽侵入，挂霜、结冰，防止对建筑物造成破坏（图28）。

图28　天棚结构和式样

目前，一些轻型高效的合成隔热材料如玻璃棉、聚苯乙烯泡沫塑料、聚氨酯板等，已在畜禽舍天棚中得以应用，使得屋顶保温能力进一步提高，为解决寒冷地区冬季保温问题提供了可能。

图29　常用隔热材料

2）墙壁的保温隔热　墙壁是畜舍的主要外围护结构，散失热量仅次于屋顶。为提高畜禽舍墙壁的保温能力，可通过选择导热系数小的材料，确定合理的隔热结构，提高施工质量等加以实现（图29）。如采用空心砖替代普通红砖，可使墙的热阻值提高41%，用加气混凝土块，则可提高6倍以上；利用空心墙体或在空心内充填隔热材料，墙的热阻值会进一步提高；透气、变潮都可导致墙体对流和传导失热增加，降低保温隔热效果（图30）。目前，国外广泛采用的典型隔热墙总厚度不到12cm，但总热阻可达3.81（$m^2 \cdot ℃/W$）。其外侧为波型铝板，内侧为防水胶合板（10mm）；在防水胶合板的里面贴一层0.1mm的聚乙烯防水层，铝板与胶合板间充以100mm玻璃棉。该墙体具有导热系数小、不透气、保温隔热好等特点，经过防水处理，克服了吸水和透气的缺陷。外界气温对舍内温度影响较小，有利于保持舍温的相对稳定，其隔热层不易受潮，温度变化平缓，一般不会形成水汽凝结。国内近年来也研制了一些新型经济的保温材料，如全塑复合板、夹层保温复合板等，除了具有较好的保温隔热特性外，还有一定的防腐防燃防潮防虫功能，比较适合于周围非承重结构墙体材料。此外，由聚苯板及无纺布作基本材料经防水强化处理的复合聚苯板，其导热系数为0.033～0.037，可用于组装式拱形屋面和侧墙材料。

空心砖　　　　　　　　　　　　　加气混凝土块

图30　墙壁的保温隔热材料

3）加强门窗保暖的设计　在寒冷地区，在受寒风侵袭的北侧、西侧墙应少设窗、门，并注意对北墙和西墙加强保温，以及在外门加门斗、设双层窗或临时加塑料薄膜、窗帘、空气墙等，对加强畜禽舍冬季保温均有重要作用（图31）。

图31　畜禽舍门窗保暖设计

4)地面的保温隔热设计　与屋顶、墙壁比较，地面散热在整个外围护结构中虽然位于最后，但由于畜禽直接在地面上活动，所以畜禽舍地面的热工状况直接影响畜禽体。夯实土及三合土地面在干燥状况下，具有良好的温热特性，适用于鸡舍、羊舍等使用。水泥地面具有坚固、耐久和不透水等优良特点，但水泥地面又硬又冷，在寒冷地区对家畜不利，直接用作畜床最好加铺木板、沙土、垫草或厩垫（图 32）。

图32　牛舍地面的保暖隔热设计

如在英国广泛采用的畜舍隔热地面（图 33）。其主要结构是：上层是导热系数小的空心砖，其下是蓄热性大的混凝土，再下是导热系数比较小的夯实素土。畜体与地面接触后，首先接触的是只有很薄一层抹灰的空心砖，由于其导热系数小，畜体失热少。畜体传导给空心砖的热量通过空心砖传到混凝土层，因其蓄热性强，被蓄积起来；当要放散时，因混凝土上下均是导热系数小的材料（空心砖和夯实素土），因而受到阻碍，所以地面温度比较

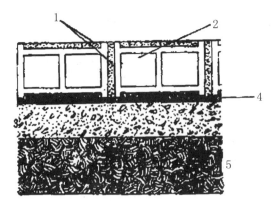

图33　空心砖隔热地面

1.水泥砂浆　2.空心黏土砖　3.混凝土　4.油毡或沥青防潮层　5.夯实素土

稳定。这种隔热地面，取材方便、施工也不复杂，但效果很好，值得借鉴。

5）选择有利保温的畜禽舍形式　一般，大跨度畜禽舍、圆形畜禽舍的外围护结构的面积相对的比小型畜禽舍、小跨度畜禽舍小。所以，大跨度畜禽舍和圆形畜禽舍通过外围护结构的总失热量也小，所用建筑材料也省。同时，畜禽舍的有效面积大，利用率高，便于采用先进生产技术和生产工艺，实现养殖业生产过程的机械化和自动化（图34）。

图34　有利保温的畜禽舍形式

（2）搭塑料棚　塑料棚透光聚温，可提高舍温7℃左右。农户分散养猪可因地制宜，在圈舍上方设拱形、脊形、伞形或单坡向阳式塑料棚，并在靠南面的上方留一活动通风窗，供调节温度与换气之用（图35）。

图35　塑料棚

（3）铺草垫床　在畜床上加铺玉米叶或其他干草，既可吸湿除潮、吸收有害气体，又可提高畜床的温度（图36）。例如，在猪圈内铺上10cm厚的锯末，加入发酵剂，数天后开始发酵，其温度可达35℃，使猪舍保持温暖。

图36　畜禽舍垫草的使用

（4）畜禽舍内采暖设备　在各种防寒措施仍不能满足舍温需要时，可通过集中采暖和局部采暖等方式加以解决，使用时应根据畜禽需求、饲料计划及设备投资、能源消耗等综合考虑。集中采暖是通过一个热源（如锅炉房）将热媒由管道送至各房舍的散热器（暖气片等），对整个畜禽舍进行全面供暖，使舍温达到适宜的程度。目前，集中采暖主要有以下几种：①利用热水输送到舍内的散热器。②利用热空气（热风）通过管道直接送到舍内。③在地面下铺设热水管道，利用热水将地面加热。④电力充足地区，在地面下埋设电热线加热地面。如猪场分娩舍中，初生仔猪要求环境温度为32～34℃，以后随日龄而降低，1月龄时为20～25℃；母猪则要求环境温度20～25℃，利用集中采暖，不但设备投资、能耗大，而且不能同时满足要求。若在保证母猪所需温度后，对仔猪进行局部采暖，这样既节约设备投资和降低能耗，又便于局部温度控制。常用的采暖方式主要有以下几种：

1）热水散热器采暖设备　主要由热水锅炉、管道和散热器三部分组成（图37）。散热器常为铸铁或钢，按形状可以分为管形、柱形、翼形和平板形。其中铸铁柱形散热器传热系数较大，不易积灰，比较适合于畜禽舍使用。散热器布置时应尽可能使舍内温度分布均匀，同时考虑到缩短管路长度。散热器可分成多组，每组片数一般不超过 10 片。柱形散热器因只有靠边两片的外侧能把热量有效地辐射出去，应尽量减少每组片数，以增加散热器有效散热面积。散热器一般布置在窗下或喂饲通道上。

图 37　热水散热器采暖设备

2）热风采暖设备　热风采暖利用热源将空气加热到要求的温度，然后将该空气通过管道送入畜禽舍进行加热（图 38）。热风采暖设备投资低，可与冬季通风相结合。在为畜禽舍提供热量的同时，也提供了新鲜空气，降低了能源消耗；热风进入畜禽舍可以显著降低畜禽舍空气的相对湿度；便于实现自动控制。热风采暖系统的最大缺陷就是不宜远距离输送，这是因为空气的贮热能力很低，远距离输送会使温度递降很快。热风采暖主要有热风炉式、空气加热器式和暖风机式 3 种。

图 38　热风采暖设备

热风采暖时，送风管道直径及风速对采暖效果有很大影响。管径过大或管内风速过小，采暖成本增加；相反，管径过小或管内风速过大，会加大气体管内流动阻力，增加电机耗电量。当阻力大于风机所能提供的动压时，会导致热风热量达不到所规定的值。通常要求送风管内的风速为 $2 \sim 10\mathrm{m/s}$。

热空气从侧向送风孔向舍内送风，以非等温受限射流形式喷出。这种方式可使畜禽活动区温度和气流比较均匀，且气流速度不致太大。送风孔直径一般取 $20 \sim 50\mathrm{mm}$，孔距为 $1.0 \sim 2.0\mathrm{m}$。为使舍内温度更加均匀，风管上的风孔应沿热风流动方向由疏而密布置。

采用热风炉采暖时，应注意：①每个畜舍最好独立使用一台热风炉。②排风口应设在畜舍下部。③对三角形屋架结构畜舍，应加吊顶。④对于双列及多列布置的畜舍，最好用两根送风管往中间对吹，以确保舍温均匀。⑤采用侧向送风，使热风吹出方向与地面平行，避免热风直接吹向畜体。⑥舍内送风管末端不能封闭。

3) 太阳能集热——储热石床采暖　为太阳能采暖方式中的一种（图 39）。由太阳能接受室和风机组成。冷空气经进气口进入太阳能接受室后，被太阳能加热，由石床将热能储存起来，夜间用风机将经过加热后的空气送入畜舍，使舍温升高。太阳能接受室一般建在畜舍南墙外侧，用双层塑料薄膜或双层玻璃作采光面，两层之间用方木骨架固定，使之形成静止空气层，以增加保温性能。

图 39　太阳能

太阳能接受室内设有由涂黑漆的铝板（或其他吸热材料）制成的集热器，内部由带空隙的石子形成的储热石床，石床下面及南侧用泡沫塑料和塑料薄膜制成防潮隔热层，白天，通过采光面进入接受室的太阳能被集热器和石床接受并储存。为减少集热器和石床的热损失，夜间和阴天可在采光面上铺盖保温被或草苫。由于太阳能采暖受气候条件影响较大，较难实现完全的人工控制环境。因此，为确保畜舍供暖要求，太阳能采暖一般只作为其他采暖设备的辅助装置使用。

4）电热保温伞　电热保温伞下部为温床，用电热丝加热混凝土地板（电热丝预埋在混凝土地板内，电热丝下部铺设有隔热石棉网），上部为直径1.5m左右的保温伞，伞内有照明灯（图40）。利用保温伞育雏，一般每800～1000只雏1个，而用于仔猪取暖时，则每2～4窝仔猪1个保温伞。

图40　电热保温伞

5）电热地板　在仔猪躺卧区地板下铺设电热缆线（图41），1m² 供给电热300～400W。电缆线应铺设在嵌入混凝土内38mm，均匀隔开，电缆线不得相互交叉和接触，每4个栏设置一个恒温器。

图41　电热地板

6）红外线灯保温伞　红外线灯保温伞下部为铺设有隔热层的混凝土地板，上部为直径1.5m左右的锥形保温伞，保温伞内悬挂有红外线灯（图42）。保温伞表面光滑，可聚集并反射长波辐射热，提高地面温度。在母猪分娩舍采用红外线灯照射仔猪效果较好，一般一窝一盏（125W），这样既可保证仔猪所需较高的温度，而又不至于影响母猪。保温区的温度与红外线灯悬挂的高度和距离有着密切的关系，在灯泡功率一定条件下，红外线灯悬挂高度越高，地面温度越低。红外线灯高度距离和温度的关系见表12。

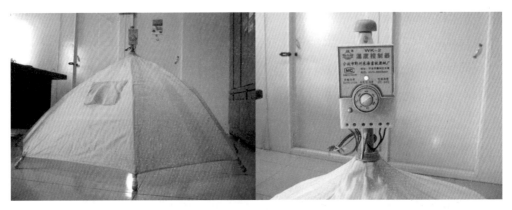

图 42　红外线灯保温伞

表 12　红外线灯高度距离和温度关系

灯下水平距离（cm）		0	10	20	30	40	
灯泡（W）	高度（cm）	温度（℃）					
250	50	34	30	25	20	18	17
	40	38	34	21	17	17	17
125	50	19	26	18	17	17	15
	40	23	28	19	15	15	14

7）热水管地面采暖　热水管地面采暖在国外养猪场中已得到普遍应用，即将热水管埋设在畜禽舍地面的混凝土层内或其下面的土层中，热水管下面铺设防潮隔热层以阻止热量向下传递（图43）。热水通过管道将地面加热，为家畜生活区域提供适宜的温度环境。采暖热水可由统一的热水锅炉供应，也可在每个需要采暖的舍内安装一台电热水加热器。水温由恒温控制器控制，温度调节范围为 45 ～ 80℃。与其他采暖系统相比，热水管地面采暖有如下优点：①节省能源。它只是将畜禽活动的地面及其附近区域加热到适宜的温度，而不是加

热整个畜禽舍空间。②保持地面干燥，减少痢疾病发生。③供热均匀。④利用地面高储热能力，使温度保持较长的时间。但应注意，热水管地面采暖的一次性投资比其他采暖设备投资大2～4倍；一旦地面裂缝，极易破坏采暖系统而不易修复；同时地面加热到达设定温度所需的时间较长，对突然的温度变化调节能力差。

图43　热水管加热地板

8）煤炉　普通燃煤取暖设施，常使用于天气寒冷而且块煤供应充足的地区，使用的燃料是块煤，优点是加热速度快，移动方便，可随时安装使用，使用时用于应急较好（图44）。

图44　煤炉

9）蜂窝煤炉　使用燃料为蜂窝煤，供热速度和供热量较煤炉慢而少，但因无烟使用方便，在全国许多地区使用；优点是移动方便，可随时安装使用，应急时有时不必安装烟筒，比煤炉更方便（图45）。

图45 蜂窝煤炉

10）火墙　在畜禽舍靠墙处用砖等材料砌成的火道，因墙较厚，保温性能更好些；火墙在较寒冷地区多用；如果将添火口设在畜禽舍外，还可以防止煤烟火或灰尘等的不利影响。

11）地炕（地火龙）　将畜禽舍下方设计成火道，火在下方燃烧时，地面保持一定的温度（图46）。或者可以设计在地面上，即地火龙。另外，还可以设计成烧柴草形式，燃料为廉价的杂草或庄稼秸秆，可使成本降到更低，这种方式是非常实惠的。

图46 地火龙

（5）保暖的饲养管理技术

1）增加饲养密度　在不影响饲养管理及畜禽舍内卫生状况的前提下，适当增加舍内畜禽的饲养密度，等于增加热源，这是一项行之有效的辅助性防寒保温措施。

2）精心饲喂 在配制日粮时，应适当增加高粱和玉米等能量饲料。饲料经发酵后饲喂，供给量要充足，还要饮用温水。每天零点左右再加喂 1 次夜食，以增强畜禽的抗寒和抗病能力，促进快速生长。

3）添加中药 可在饲料中添加活血祛瘀、健脾燥湿、祛风散寒的中药。处方为：川芎、甘草、荆芥、防风、柏仁各 60g，麦芽 30g，山楂、苍术、陈皮、槟榔、神曲各 10g，木通 8g，研末后拌少量饲料，于早晨一次喂完，每周喂 1 次。

4）保持干燥 湿度越大，就越感觉寒冷，并极易引起皮肤病、呼吸道疾病、传染性疾病及寄生虫病。圈舍内除要勤垫、勤换干草。

5）排除有害气体 畜禽舍内有害气体浓度过高，畜禽体抗病和御寒能力会明显降低。因此，每天利用中午高温时段，打开门窗通风，排除有害气体，换入新鲜空气，以利于畜禽的生长发育。因为冬季气温低，畜禽舍通风换气必须控制通风量，要求畜禽舍内风速不超过 0.2m/s，通风前要提高舍温。

6）多晒太阳 选择晴暖天气的下午 1～3 点，把畜禽赶到外面晒晒太阳，适当加强户外运动，提高畜禽对寒冷天气的抵抗力。

7）加强畜禽舍的维修 保养入冬前进行认真仔细的越冬御寒准备工作，包括封门、封窗、设挡风障、堵塞墙壁、屋顶缝隙、孔洞等。这些措施对于提高畜禽舍防寒保温性能都有重要的作用。

II 畜禽舍湿度管理技术

一、空气湿度对畜禽生产的影响

（一）空气湿度对畜禽热调节的影响

1. 空气湿度对蒸发散热的影响

在高温环境中，机体皮肤温度与空气温度之差减小，辐射、传导、对流散热量降低，机体主要依靠蒸发散热，而蒸发散热量的大小与机体蒸发面（皮肤和呼吸道）水汽压和空气水汽压之差成正比。机体蒸发面的水汽压取决于蒸发面的温度和潮湿程度，皮肤温度越高、越潮湿（如出汗），水汽压就越大，越有利于蒸发散热。若空气水汽压升高，机体表面水汽压与空气水汽压之差减小，则蒸发散热量减少，故高温、高湿环境下，机体的散热非常困难，从而加剧了热应激。高温时，若空气的相对湿度升高，动物的蒸发散热量将下降，不利于机体体热平衡的维持。

2. 空气湿度对非蒸发散热的影响

在低温环境中，机体主要依靠辐射、传导、对流等非蒸发方式散热，并力图减少散热量来维持体温的恒定。在低温环境中，空气湿度越大，非蒸发散热量越大。其原因是潮湿空气的热容量和导热性分别是干燥空气的2倍和10倍，潮湿的空气又有利于吸收空气的长波辐射热量，此外在高湿环境中，畜禽体的被毛和表皮都能吸收空气中的水分，增加其导热系数，降低了体表热阻，使得非蒸发散热量大大增加，畜禽体感觉更加寒冷。对于这一点，幼龄畜禽更为敏感。例如，冬季饲养在湿度较高舍内的仔猪，活重明显低于对照组，且容易发生下痢、肠炎等疾病。总之，无论高温或低温，高湿都不利于机体的热调节，低湿则可减轻高温或低温的不良作用。

3. 空气湿度对产热量的影响

在适宜温度条件下，湿度的高低对产热量没有影响。如果畜禽长期处在高温、高湿环境中，蒸发散热受到抑制，畜禽代谢率下降，产热量减少，以维持体温的恒定。如果畜禽突然处于高温高湿环境中，由于体温升高和呼吸肌强烈收缩，使畜禽产热量增加。在低温环境中，高湿可促进非蒸发散热，加速畜禽冷应激，引起畜禽产热量增加。

4. 空气湿度对机体热平衡的影响

在适宜的温度条件下，湿度的高低对畜禽机体热平衡没有显著影响。在有限度的低温环境中，湿度的高低对畜禽机体热平衡的影响并不明显，此时，畜禽可以通过代谢率来维持热平衡。在高温环境中，随着空气湿度的不断增大，畜禽体蒸发散热受阻，体温随之升高。例如，黑白花奶牛在26.7℃时，空气相对湿度从30%升高到50%，体温升高0.5℃；猪在32.2℃时，空气相对湿度从30%升高到94%，体温升高1.39℃；公羊在35℃高温时，空气相对湿度从57%升高到78%，体温升高0.6℃，睾丸温度升高1.2℃。又例如，气温在29.4℃以下，相对湿度对母鸡没有影响，在32.2℃，相对湿度超过55%时，体温开始上升。在38℃中经7h，如果相对湿度超过75%，体温上升到

47.8℃，濒临死亡。

（二）空气湿度对畜禽生产力的影响

1. 繁殖

在适宜温度或低温环境中，空气湿度对畜禽的繁殖活动影响很小。在高温环境中，增加空气湿度，不利于畜禽生殖活动。例如，据试验，在7～8月温度超过35℃时，牛的繁殖率与空气湿度呈现密切的负相关；到9月和10月上旬，气温下降到35℃以下，空气湿度对于牛的繁殖率的影响极小。

2. 生长和育肥

湿度对猪的生长有一定影响，但单独评价它对育肥的影响是困难的，因为它往往是与环境温度共同作用的结果。一般认为，气温在14～23℃，相对湿度50%～80%时对猪的生长和育肥效果较好。适宜温度下体重30～100kg的猪，相对湿度45%～95%，对其增重和饲料消耗均无显著的差异；高温时，空气湿度的这一变化可能导致平均日增重下降6%～8%。7℃以下、相对湿度75%～95%的饲养条件下，犊牛增重率和饲料利用率显著下降，分别为14.4%、11.1%。空气湿度过低对雏鸡羽毛生长不利。

3. 产乳及乳成分

在适宜温度或低温环境中（气温在24℃以下），空气相对湿度对奶牛的产乳量、乳的成分、饲料和水的消耗以及体重都没有明显的影响。但在高温环境中，随着相对湿度相应升高，黑白花奶牛、娟珊牛和瑞士黄牛的采食量、产乳量和乳脂率都下降。在30℃时，相对湿度从50%增加到75%，奶牛产乳量下降7%，乳蛋白含量也下降。

4. 产蛋量

在适宜温度或低温环境中，空气湿度对家禽产蛋量无显著影响。而在高温环境中，空气相对湿度大，对产蛋量有不良的影响。冬季相对湿度80%以上，对产蛋有不良影响。产蛋鸡在生产中所能耐受的最高温度，随湿度的增加而下降。如相对湿度75%和50%时，产蛋鸡耐受的最高温度为28℃和31℃。

（三）空气湿度对动物健康的影响

1. 高湿

高湿环境为病原微生物和寄生虫的繁殖、感染和传播创造了条件，使畜禽传染病和寄生虫病的发病率升高，并利于其流行。在高温、高湿条件下，猪瘟、猪丹毒和鸡球虫病等最易发生流行，家畜亦易患疥、癣及湿疹等皮肤病。高湿是吸吮疥癣虫生活的必要条件，因此，高湿对疥癣蔓延起着重要作用。高湿有利于秃毛癣菌的发育，使其在畜群中发生和蔓延。高湿还有利于空气中猪布氏杆菌、鼻疽放线杆菌、大肠杆菌、溶血性链球菌和无囊膜病毒的存活。高温高湿尤其利于霉菌的繁殖，造成饲料、垫草的霉烂，使赤霉菌病及曲霉菌病大量发生。在梅雨季节，畜舍内高温高湿往往使幼畜的肺炎、白痢和球虫病暴发蔓延或流行。

低温高湿，家畜易患各种呼吸道疾病，如感冒、支气管炎、肺炎等以及肌肉、关节的风湿性疾病和神经痛等。在温度适宜或偏高的环境中，高湿有助于空气中灰尘下降，使空气较为干净，对防止和控制呼吸道疾病有利。

2. 低湿

空气过分干燥，再加以高温，能加速皮肤和外露黏膜（眼、口、唇、鼻黏膜等）水分蒸发，造成局部干裂，减弱皮肤和外露黏膜对微生物的防卫能力；相对湿度40%以下时，易引起呼吸道疾病。低湿有利于白色、金黄色葡萄球菌、鸡白痢沙门杆菌以及具有脂蛋白囊膜的病毒存活，易使家禽羽毛生长不良。低湿还是家禽互啄癖发生和猪皮肤落屑的重要原因之一。空气高燥会使空气中尘埃和微生物含量提高，易引发皮肤病、呼吸道疾病等。根据动物的生理机能，畜禽舍相对湿度为50%～70%是比较适宜的。牛舍用水量大，可放宽到85%。

二、畜禽舍空气湿度控制技术

（一）畜禽舍中空气湿度的来源与分布

畜禽舍中空气的湿度是多变的，通常大大超过外界空气的湿度。密闭式畜禽舍中的空气湿度常比大气中高很多。在夏季，舍内外空气交换较充分，湿度相差相对较小。畜禽舍中空气湿度的来源主要有以下几个途径：畜禽舍中的水汽主要来自畜禽体表面和呼吸道蒸发的水汽，这一部分占到总量的70%～75%；暴露水面（尿粪沟或地面积存的水）和潮湿表面（潮湿的墙壁、垫草、畜床和堆积的粪污等），这一部分占到总量的20%～25%；通风换气过程中带入的大气当中的水分占到总量的10%～15%。

在标准状态下，干燥空气与水汽的密度比为1∶0.623，水汽的密度较空气小。在密闭式畜禽舍的上部和下部空气湿度均较高。下部地面水分和畜禽体表面的水分不断蒸发，轻暖的水汽很快上升，聚集在畜禽舍上部。当舍内温度下降低于露点时，空气中的水汽会在墙壁、地面等物体上凝结，并深入进去，使得建筑物和用具变潮，保温性能进一步降低；温度升高后，这些水分从物体中蒸发出来，使空气湿度增高。畜禽舍的天棚和墙壁长期潮湿，墙壁表面会生长绿霉，水泥墙灰会脱落，影响建筑物的使用寿命，增加维修保养的成本。

（二）畜禽舍中的湿度标准

1. 牛舍

成年牛舍、育成牛舍的相对湿度≤85%；犊牛舍、分娩舍、公牛舍的相对湿度≤75%。

2. 猪舍

成猪舍、后备猪舍的相对湿度≤75%；混合猪舍、肥猪舍的相对湿度≤80%。

3. 羊舍

产羔间的相对湿度≤75%，其他羊舍的相对湿度≤80%。

4. 鸡舍

鸡舍的相对湿度一般应控制在60%～75%。

（三）畜禽舍空气湿度的调控

1. 加大通风

（1）增大窗户面积　使舍内与舍外通风量增加。

（2）加开地窗　相对于上面窗户通风，地窗效果更明显，因为通过地窗的风直接吹到地面，更容易使水分蒸发。

（3）使用风扇　风扇可使空气流动加强。

2. 减少用水

在对潮湿敏感的畜禽舍（如产房、保育前阶段），应控制用水，特别是尽可能减少地面积水。

3. 地面铺撒生石灰

舍内地面铺撒生石灰，可利用生石灰的吸湿特性，使舍内局部空气变干燥；另外，生石灰还有消毒功能。

4. 低温水管

低温水管也有吸潮的功能，如果低于20℃的水管通过潮湿的畜禽舍，舍内的水蒸气会变为水珠，从水管上流下；如果舍内多设几排水管，同时设置排水设施，也会使舍内湿度降低。

另外，降湿的方法还有很多，舍内升火炉可以降湿，舍内用空调可以降湿，舍内加大通风量也可以降湿，控制冲洗地面次数和防止水管漏水也可以降低湿度等，畜禽场可以根据自己的实际情况灵活采用。及时清除粪便，以减少水分蒸发。加强畜禽舍保温，勿使舍温降至露点以下。铺垫草可以吸收大量水分，是防止舍内潮湿的一项重要措施。

三、畜禽舍通风管理技术

（一）风的形成与描述

在地球表面上，由于空气温度的不同，使各地气压的水平分布亦不相同。气温高的地区，气压较低；气温低的地区，气压较高。空气从密度大处向密度小处流动，即空气从高温处流向低温处，空气的这种水平流动叫风。两地的气压相差愈大，则风速也愈大。在同样的气压差下，风速与两地的距离有关，距离愈近，风速愈大；距离愈远，风速愈小。

我国大陆处于亚洲东南季风区，夏季大陆气温高，空气密度小，气压低，海洋气温低，空气密度大，气压高，故盛行东南风，带来潮湿的空气和充沛的降水；冬季大陆温度低，空气密度大，气压高，海洋温度高，空气密度小，气压低，故多形成西北风或东北风。西北风较干燥，东北风多雨雪。此外，西南地区还受季风的影响，夏季刮西北风，冬季吹东北风。

气流的状态通常用风向和风速来表示。

风向就是风吹来的方向，气象上以圆周方位来表示风向，常以8个或16个方位表示。风向是经常发生变化的，一段时间内的风向常用风向频率来表示。即在一定时间内某风向出现的次数占该段时间刮风总次数的百分比。在实际应用中，常用一种特殊的图形表示风向的分配情况，即将某一地区，某一时期内诸风向的频率依据罗盘方位，按比例绘在8个或16个中心交叉的直线上，然后把各点用直线连接起来得到的几何图形被称为"风向玫瑰图"（图47）。它可以表明一定地区一定时间内的主导风向，在选择牧场场址、建筑物配置和畜禽舍设计上都有重要的参考价值。

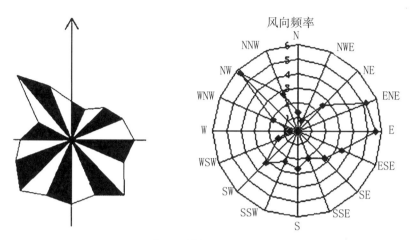

图 47　某地冬季风向玫瑰图

风速是单位时间内空气水平移动的距离，单位为 m/s。气象上常用蒲氏风级表来表示（表 13）。

表 13　风力等级与风速对照表

风级	名称	风速 m/s	陆地景象
0	无风	0～0.2	烟直上
1	软风	0.3～1.5	烟示风向
2	轻风	1.6～3.3	感觉有风
3	微风	3.4～5.4	旌旗展开
4	和风	5.5～7.9	吹起尘土
5	劲风	8～10.7	小树摇摆
6	强风	10.8～13.8	电线有声
7	疾风	13.9～17.1	步行困难
8	大风	17.2～20.7	折毁树枝

（二）气流对畜禽生产的影响

1. 气流对畜禽生产力的影响

（1）生长和育肥　在低温环境中，增加气流速度，畜禽生长发育和育肥速度下降。例如，仔猪在低于临界温度（如18℃）时，风速从0m/s增加到0.5m/s，生长率和饲料利用率分别下降15%和25%。

在适宜温度时，增加气流速度，畜禽采食量有所增加，生长和育肥速度不变。例如，在25℃的等热区中，风速从0.5m/s增加到1.0m/s，仔猪日增重不变，饲料消耗增多。

在高温环境中，增加气流速度，可提高畜禽生长和育肥速度。例如，在气温为32.4℃和相对湿度为40%时，当风速从0.3m/s增加到1.6m/s时，肉牛平均日增重从0.64g增加到1.06g。气温为21.1～34.5℃时，气流自0.1m/s增至2.5m/s，可使小鸡的增重提高38%（肉鸡对温度和风速的要求见表14）。

表14 肉鸡各日龄适宜的温度和风速的要求

日龄（d）	温度（℃）	风速（m/s）
1～7	32.2	无风速
8～14	29.4	＜0.2，应该考虑静止的空气温度
15～21	26.6（体感温度）	＜0.51，开始使用过滤通风系统
22～28	23.9（体感温度）	＜1.02，使用过滤通风系统
29～35	21.1	1.75～2.5，可以考虑用纵向通风系统，或结合湿帘蒸发降温系统通风
34+	18.3（体感温度）	纵向最大风速2.75，可以使用纵向通风系统，或结合湿帘蒸发降温系统

（2）产蛋性能 在高温环境中，增加气流，可提高产蛋量。例如，在气温为32.7℃，相对湿度为47%～62%，风速由1.1m/s提高到1.6m/s，来航鸡的产蛋率可提高1.3%～18.5%。在30℃环境中，当风速从0m/s增至0.8m/s，鹌鹑产蛋率从81.9%增至87.2%。

适温、风速在1m/s以下的气流对产蛋量无明显影响。低温环境中，增加气流速度，产蛋率下降。

（3）产乳量 适宜温度条件下，风速对奶牛产乳量无显著影响；在高温环境中，增大风速，可提高奶牛产乳量。例如，在29.4℃、风速为0.2m/s时，产乳量下降 10%，但当风速增大到 2.2～4.5m/s，奶牛产乳量可恢复到原来水平。在 35℃的高温中，风速自 0.2m/s 增大到 2.2～4m/s，黑白花奶牛的产乳量增加 25.4%，娟姗牛产乳量增加 27%，瑞士褐牛产乳量增加 8.4%。

2. 气流对畜禽健康的影响

在适温时，风速大小对动物的健康影响不明显；在低温潮湿环境中，增加气流速度，会引起关节炎、冻伤、感冒和肺炎等疾病，导致仔猪、雏禽、羔羊和犊牛死亡率增加。寒冷时对舍饲畜禽应注意严防"贼风"，对放牧畜禽应注意避风。在畜禽舍保温条件较好，舍内外温差较大时，通过墙体、门、窗的缝隙，侵入的一股低温、高湿、高风速的气流。使畜禽应激，易患关节炎、神经炎、肌肉炎等疾病，甚至冻伤。"不怕狂风一片，只怕贼风一线"。防止贼风的办法：堵住屋顶、天棚、门窗和墙的缝隙，避免在畜床部位设置漏缝地板，注意入气口的设置，防止冷风直接吹袭畜体。

3. 气流对畜禽热调节的影响

（1）对散热的影响　主要影响畜禽的对流散热和蒸发散热，其影响程度因气流速度、温度和湿度而不同。在高温时，只要气温低于皮温，增加气流速度有利于对流散热；当气温等于皮温时，则对流散热的作用消失；如果气温高于皮温，则机体从对流中获得热量。但气流速度的增加，总是有利于体表水分的蒸发。所以一般风速与蒸发散热量成正比。在适温和低温时，气流使畜体非蒸发散热量增大，大幅度提高畜禽的临界温度。如果机体产热不变，因皮温和皮表的水汽压下降，皮肤蒸发散热量则减小。在低温时提高风速会使畜禽冷应激加剧。

（2）对产热量的影响　在适温和高温时，增大风速一般对产热量没有影响；在低温时，气流可显著增加产热量。有时甚至因高风速刺激，使畜禽增加的产热量超过散热量，出现短期的体温升高，而破坏热平衡。例如，-3℃低温下，被毛 39mm 厚的绵羊，当风速由 0.3m/s 增加到 4.3m/s 时，体温可升高 0.8℃。但长期处于低温高风速中，被毛短，营养差，可引起体温下降，与风速呈负相关。

（三）畜禽舍通风管理技术

1. 畜禽舍中风的形成与分布

畜禽舍内的气流速度，可以说明畜舍的换气程度。若气流速度在 0.01～0.05m/s，说明畜禽舍的通风换气不良；在冬季，畜禽舍内气流大于

0.4m/s,对保温不利；结构良好的畜禽舍，气流速度微弱，很少超过 0.3m/s。舍内适宜气流速度与环境温度有关，在寒冷季节，为避免冷空气大量流入，气流速度应在 0.1～0.2m/s，最高不超过 0.25m/s；在炎热的夏季，应当尽量加大气流或用风扇、风机加强通风，速度一般要求不低于 1m/s，但最高为 2.5m/s。

贼风是冬季密闭舍内，通过一些窗户、门或墙体的缝隙进入舍内的一种气流，由于这种气流温度低且速度快，容易引起畜禽关节炎、神经炎、肌肉炎等疾病或畜禽冻伤，对健康和生产造成不利影响，因此，生产中应尽可能避免贼风。

2. 畜禽舍通风换气技术

（1）寒冷情况下畜禽舍的自然通风　进气—排气管道是由垂直设在屋脊两侧的排出管和水平设在纵墙上部的进气管组成。排气管下端从天棚开始，上端剩出屋脊 0.5～0.7m，位置在粪水沟上方，沿屋脊两侧交错垂直安装在屋顶上，有利于排除舍内的热量、有害气体。管内设调节板，以控制风量。排气管断面为正方形，一般大小为（50～70）cm×70cm，两个排气管的距离为 8～12cm。

为了能够充分利用风压和热压来加强通风效果，防止雨雪自排气管进入舍内，在排气管上端应设置风帽，其形式有伞形、百叶窗式等。

进气管一般距天棚 40～50cm，舍外端应安装调节板，以便将气流挡向上方，防止冷空气直接吹到畜禽身体，并用以调节进口大小、控制风量，在必要时关闭。进气管之间的距离为 2～4m，在特别寒冷的地区，冬季受风一侧的墙壁应少设进气管。

在冬季，自然通风排出污染空气主要靠热压，在不采暖的情况下，舍内舍热有限，故只适于冬季舍外气温不低于 −14℃ 的地区。因此，要保证在更加寒冷的地区有效进行自然通风，必须做到畜禽舍的隔热性能良好，必要时补充供热。

（2）炎热情况下畜禽舍的通风　首先，畜禽舍布局必须为通风创造条件，要充分利用有利的地形、地势，畜禽舍与其他建筑物之间要有足够的通风距离，要互不影响通风，要选良好的风向，一般以南向稍偏东或偏西为好。因为在我国南方炎热地区，夏季的主导风多为南风或东南风，同时这个朝向可以避免强烈的太阳辐射。

对流通风时，通风面积越大，畜禽舍跨度越小，则穿堂风越大。据实际测量，9m 跨度时，几乎全部是穿堂风；而当 27m 跨度时，穿堂风大约只有一半，其余一半由天窗排出。由于通风面积与通风量成正比，所以在南方夏季炎热地区采用开放式畜禽舍，有利通风。但是在大多数地区，由于夏热冬冷，故而夏季降温防暑和冬季保温必须兼顾。全开放式畜禽舍对气候的适应性很小，夏季有大量太阳辐射热侵入，而到冬季又不易保温，故不宜采用。而组装式畜禽舍，冬天可以装成严密的保温舍，夏天又可以卸下一部分构件，形成通风良好的开放式畜禽舍，有较大的实用价值。畜禽舍进气口和出气口的位置对通风有很大影响，进气口和出气口之间距离越大，越有利于通风，所以进气口设置越低越好，南方一些地方设地脚窗，就是这个道理。而排气口越高越好，可设在房脊上，如此设置可以加大热压，这在天气炎热情况下有利于通风。

进气口设在低处，而且要设在迎风口，均匀布置，这样既利于通风，又可以直接在畜禽体周围形成凉爽舒适的气流。排气口要设在高处，但一定要设在背风面，这样才能抵消风压对热压的干扰。尽管排气口设在高处有利，但若要设在墙上，会受风压的干扰，所以要设在屋顶，即采取设置通风屋脊或天窗的办法，就可以抵消或者缓和风压的干扰。因为排气口设在屋顶上，并高出屋顶 $50 \sim 70cm$，不仅不受风雨的影响，而且经常处在负压状态，既利于通风，又利于将积聚在屋顶下方的热气及时带走。排气口对着进气口即气流方向或加大排气口面积都有利于加大舍内气流速度。

（四）畜禽舍通风的注意事项及影响因素

1. 进风口的高度

根据冷风下移，热风向上的原理，夏季通风时以下边窗户进风较好，使畜禽的凉爽感觉更明显；而冬季进风口则要高一些，冷空气进畜禽舍后，需要与畜禽舍的热空气混合后再到畜禽身上，避免了冷空气对畜禽的影响。同样道理，夏季可采用门通风，但冬季则要考虑门进风的影响；考虑到畜禽舍门的经常开闭，每次开门都要有一股冷风进入，如果在门口底部设一个挡风装置则减轻开门冷风的影响。这里要注意两个细节问题：一是人们会把畜禽栏用饲料袋遮住，但是只遮上边而不遮底部，冷风会从床下的漏缝板缝隙直吹畜禽腹部；二是如果在门口底部放一块木板，人可以从木板上方迈过，不会影响正常工作，但进畜禽舍的风在经过木板的遮挡后会转向高处，不至于直吹畜禽体；当然，门口设置门帘对防止冷风直吹也有相当好的作用。

2. 进风口与外面风向

冬季通风时，必须考虑进风方向与自然风向的关系，尽可能避免外面的风直接进入畜禽舍；如果必须与自然风向相同，也应该在进风处安装一个缓冲设施，使自然风速变小后进入畜禽舍。

3. 遮拦物对通风的影响

我们都有这样的体会，河滩的风比树林中的风大得多，原因是树木使风速减缓了。减缓风速在冬季是必需的，但在夏季则对畜禽不利，经常出现的是一些意外因素起到了遮风的作用。下面是常见的几种形式：一是畜禽舍外面的树木，树木可以起到遮阴的作用，但也起到了遮风的作用，畜禽舍间有树木的情况下，夏季舍内通风会受到严重影响；二是畜禽舍间距太短，间距不足，通风也不利；三是舍内畜禽栏间使用砖墙，使畜禽栏间的通风受阻；四是产床上的保温箱等，也影响产房的通风换气；五是网床高度，网床高时通风量要远大于网床低时。上面的因素都应成为我们生产时的注意事项。

4. 防范贼风

通风还需要注意的冬季的贼风往往是门窗关闭不严造成的，特别是冬季因舍内水汽到窗户后结冰，影响窗户的关闭，门口封闭不严也影响舍内的保温。

5. 棚温室的通风

大棚温室潮湿是冬季的一大难题，这是因为大棚封闭太严的缘故。针对这个问题，可以考虑在不影响保温的情况下加强通风，方法是在屋顶设计一个通风口，白天时草帘卷起通风很好，晚上用草帘盖住，仍能做到保温，但气体仍然可以排出去，可有效地起到通风作用。

四、畜禽舍温热环境检测与评价方法

（一）空气温度检测

1. 常见的温度测量仪器

（1）玻璃体温度计　玻璃体温度计是利用热胀冷缩的原理实现环境温度的检测。优点是结构简单，价格低廉，使用较为方便，测量精度相对较高。缺点是易碎。常见的玻璃体温度计主要有：煤油温度计、酒精温度计、水银温度计。玻璃棒式温度计通常为直形（图48），也可根据用户的需要制作各种角度。以有机液体为感温液的玻璃温度计可以测量 $-100 \sim 200℃$ 以内温度，而水银温度计可以测量 $-30 \sim 600℃$ 以内温度。使用玻璃水银温度计测量空气温度时，应选择刻度最小分度值应不大于 0.2℃、测量精度应不小于 ±0.5℃的温度计。

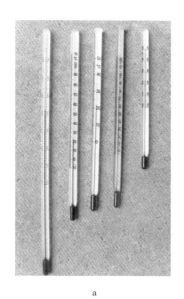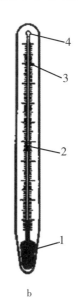

图 48　玻璃体温度计

a. 玻璃体温度计照片　b. 玻璃体温度计构造示意图

1. 玻璃感温包　2. 毛细管　3. 刻度尺　4. 安全包

玻璃体温度计测温时注意事项：①按所测温度范围和精度要求选择相应温度计，并进行校验。如所测温度不明，宜用较高测温范围的温度计进行测量，密切注视液柱的变化，从而确定被测温度范围，再选择合适的温度计。②温度计一般应置于被测环境中 10 ~ 15min 后进行读数。③观测温度时，人体应离开温度计，更不要对着感温包呼气，读数时应屏住呼吸。拿温度计时，要拿温度计的上部。④为了消除人体温度对测温的影响，读数要快，而且要先读取小数，后读取大数。另外，读数时应使眼睛、刻度线和水银面保持在一水平线上。

（2）指针式温度计　指针式温度计外形像仪表盘的温度计（图 49），也称寒暑表，是用金属的热胀冷缩原理制成的。它以双金属片作为感温元件，用来控制指针。双金属片通常是用两种膨胀系数不同的金属铆在一起。当温度升高时，膨胀系数大的金属牵拉双金属片弯曲，指针在双金属片的带动下就偏转而指向高温；反之，温度变低，指针在双金属片的带动下就偏转而指向低温。指针式温度计可以用来直接测量畜禽舍内外等各种热湿环境中的温度。具有测量范围宽，现场指针显示温度，直观方便；安全可靠，使用寿命长的优点。

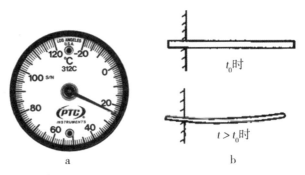

图49 指针式温度计原理图

a. 指针与刻度表盘　b. 双金属感温片

（3）数字式温度计　数字式温度计采用温度敏感元件也就是温度传感器（如铂电阻、热电偶、半导体、热敏电阻等），将温度的变化转换成电信号的变化，然后再转换为数字信号，再通过 LED、LCD 或者电脑屏幕等将温度显示出来。数显温度计可以准确地测量温度，以数字显示，而非指针或水银显示。故称数字式温度计或数字温度表（图50）。使用数字式温度计检测空气温度时，应选择最小分辨率为 0.1℃、测量范围为 0 ～ 50℃、测量精度 ±0.5℃ 的数字式温度计。

图50　数字式温度计

数字式温度计在使用过程常常需要校正，方法为：将欲校正的数字温度计感温元件与标准温度计一并插入冰点槽中，校正零点，经5 ～ 10min 后记录读数。再将欲校正的数字温度计或感温元件与校准温度计一并插入恒温浴槽中，分别在 10℃、20℃、30℃、40℃、50℃进行测量读数，即可得到相应的校正温度值。

2. 舍内温度的检测方法

（1）舍内温度检测点的布置　舍内温度检测点的布置可根据舍面积大小进行确定。如室内面积小于 $16m^2$，测室中央一点，取室内对角线中点（图51a）。

室内面积大于 $16m^2$，但不足 $30m^2$ 测两点。将室内对角线 3 等分，取其中两个等分点作为检测点：1，3 或 2，4 两点均可（图 51b）。室内面积 $30m^2$ 以上，但不足 $60m^2$ 测三点。将室内对角线四等分，取其中三个等分点作为检测点：1、2、3，2、3、4，3、4、1，2、1、4 点均可（图 51c）。室内面积 $60m^2$ 以上的测 4 点。按舍内两对角线上梅花设点：D，1，2，3，4（图 51d）。

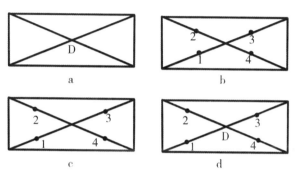

图 51 舍内温度检测点的布置

（2）检测点的选择要求 除中央一个点，其余各点距离墙面应不少于 0.5m。每个点又可设垂直方向 3 个点，即距离地面 0.1m、0.5m 畜禽舍高度和天棚下 0.2m 三处。

注意：测量仪表应放置在不受阳光、火炉或其他热源影响的地方，距离各类热源不应小于 0.5m。

（3）检测时间 观测时间为每天的凌晨 2 点，早上 8 点，下午 2 点，晚上 8 点。

（4）检测步骤 ①检测仪器根据室内面积不同按要求进行摆放，在等待 5～10min 温度稳定后进行读数，玻璃水银温度计按凸出弯月面的最高点读数；数字式温度计可直接读出数值。②读数应快速准确，以免人的呼吸和体热辐射影响读数的准确性。

（5）平均温度的计算 ①舍内平均温度：各点的同一时刻的温度加在一起除以观测点数。②日平均温度：将同一点的凌晨 2 点、早上 8 点、下午 2 点、晚上 8 点的 4 个温度值相加除以 4 即是。③月平均温度：将每天的日平均温度相加除以 30 即可得到。

3. 舍内温度分布状况评价

把测量得到的温度数据进行比较，对畜禽舍的保温与隔热状况以以下标准进行评价：

（1）垂直方向 天棚和层面附近的空气温度与地面附近的空气温度相差不

超过 3.0℃；或每升高 1m，温差不超过 1.0℃。

（2）水平方向　冬季，要求墙壁内表面浓度同舍内平均气温相差不超过 3～5℃，或墙壁附近的空气温度与畜舍中央相差不超过 3℃。

（二）空气湿度检测

1. 常见的湿度测量仪器

在畜禽生产中，常用的湿度检测仪器有干湿球温度表、毛发湿度计等。

（1）干湿球温度表　干湿球温度表有普通干湿球温度表和通风干湿球温度表 2 种。

普通干湿球温度表由 2 支形状、大小、构造完全相同的温度计组成，其中一支的球部包裹有湿润的纱布，为湿球温度计；另一支不包裹纱布（图 52），是干球温度计。在干湿球温度计的下部有一个水槽。

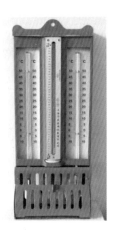
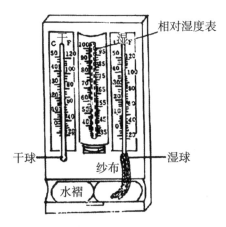

图 52　普通干湿球温度表

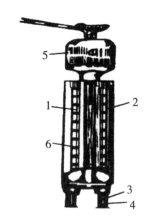

图 53　通风干湿球温度表
1、2 干球和湿球湿度表　3、4 双层护管　5 通风器　6 通风管道

通风干湿球温度表是由2支完全相同装入金属套管的水银温度计组成的（图53），套管顶部装有一个用发条或电驱的风扇，启动后可抽吸空气均匀通过套管，使球部处于速度＞2.5m/s的气流中（电动可达3m/s），水银温度计感温球部有双重辐射防护管，这样既可通风，又使温度表不受辐射热的影响，所以可获得较准确的结果。其中一支温度计的球部用湿润的纱布包裹，由于纱布上的水分蒸发散热，因而湿球的温度比干球温度低，其温差与空气湿度成比例，故通过测定干、湿球温度计的温度差，查相对湿度表可得测量点空气的相对湿度。

（2）毛发湿度计　脱脂的头发、牛的肠衣等一类物质在潮湿时伸长，干燥时缩短，利用它们的这种特性可以做成指针式湿度计（图54）和自记湿度计（图55）。缺点是：它们在低湿时，时间常数太大，元件的稳定性也较差。使用前要用通风干湿表进行校正。当空气相对湿度小于30％或大于60％时误差较大。若改变观测点，应放置30min后才观测。

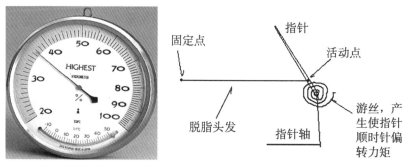

图54　指针式毛发湿度计及原理

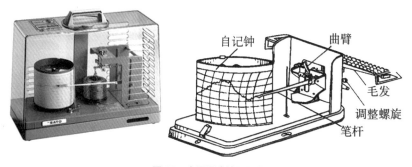

图55　自记湿度计及原理

2. 湿度检测点的布置与要求及检测时间

同温度检测。

3. 舍内环境湿度的测定方法

（1）普通干湿球温度表测定法　①将向普通干湿球温度表底部的水槽中倒入占其体积 1/2～2/3 的蒸馏水，使纱布充分湿润。②将普通干湿球温度表固定于测定地点 15～30min 后，先读湿球温度，再读干球温度，计算二者的差数。③转动干湿球温度计上的圆滚筒，在其上端找出干、湿球温度的差数。再在温度表竖行刻度找到实测的湿球温度，其与圆筒竖行干湿球温度差相交点的读数即观测点空气的相对湿度。

（2）通风干湿球温度表测定法　①夏季应在观测前 15min 或冬季在观测前 30min，将仪器悬挂在观测点，使仪器本身温度与观测点一致。用蒸馏水送入湿球温度计套管盒，润湿温度计感应部的纱条。②夏季在观测前 4min 或冬季在观测前 15min 用吸管吸取蒸馏水湿润纱布。③上满发条，如用电动通风干湿表则应接通电源，使通风器转动，5min 后读取干、湿温度表所示温度。④根据干湿球温差和湿球温度，查仪器所附的温湿度表求得观测点空气的相对湿度。

（3）毛发湿度计测定法　①打开毛发湿度计盒盖，将毛发湿度计平稳地放置于测定地点。②如果毛发及其部件上出现雾凇或水滴，应轻敲金属架使其脱落，或置于室内让它慢慢干燥后再使用。③经 20min 待指针稳定后读数，读数时视线需垂直到度面，指针尖端所指读数应精确地读到 0.2mm。

专题二
畜禽舍光声环境管理关键技术

专题提示

光照对于畜禽的生理机能和生产性能具有重要的调节作用，畜禽舍能保持一定强度的光照，除了满足畜禽生产需要外，还为人的工作和畜禽的活动（采食、起卧、走动等）提供了方便。

近年来，随着工农业生产的发展，畜牧业机械化程度的提高和畜牧场规模的日益扩大，噪声的来源越来越多，强度越来越大，已严重地影响了畜禽的健康和生产性能，引起畜牧工作者的重视。

I 光环境管理技术

一、光照与生物节律

（一）光的来源

1. 自然光源

太阳辐射是地球表面光和热的根本来源。光照是畜禽环境中的一个比较重要的因素，是畜禽生存和生产必不可少的条件。畜禽的光照主要来自太阳辐射。太阳光波长范围$(4 \sim 30) \times 10^4 nm$，其光谱组成按人类视觉反应可分 3 个光谱区：红外线、可见光、紫外线（表 15）。

表 15　太阳辐射的光谱

波长 （nm）	$3 \times 10^5 \sim$ 760	$760 \sim$ 620	$620 \sim$ 590	$590 \sim$ 560	$560 \sim$ 500	$500 \sim$ 470	$470 \sim$ 430	$430 \sim$ 400	$400 \sim$ 5
辐射 种类	红外线	红	橙	黄	绿	青	蓝	紫	紫外线

（资料来源：冯春霞 . 家畜环境卫生［M］. 北京：中国农业出版社，2001）

2. 人工光源

（1）白炽灯和荧光灯（图 56）　白炽灯和荧光灯常用于照明，荧光灯耗电量比白炽灯少，而且光线比较柔和，不刺激眼睛，但设备投资较大。在一定温度下（21.0 ～ 26.7℃），荧光灯光照效率最高；当温度太低时，荧光灯不易启亮。荧光灯可促进鸡的性成熟，但对产蛋的刺激效力不如白炽灯。与白炽灯比较，在强度和长度相同的荧光灯下培育的小母鸡，性成熟早，性成熟日龄分别为140d 和 150d。白炽灯可显著降低早期的产蛋量，但在整个 30 周的产蛋期中，白炽灯的产蛋量高于荧光灯。

图 56　白炽灯和荧光灯

（2）LED 灯（图 57）　长期以来，在畜禽生产领域使用的人工光源主要有白炽灯、荧光灯等，这些光源的突出缺点是能耗大、运行成本高，能耗费用占系统运行成本的 40％～ 60％，而且也难以实现针对畜禽的生理需求进行光质调控，影响畜禽生产效率的提高。

研究 LED 灯和白炽灯作为照明光源对笼养蛋鸡生长发育和生产性能的影响，结果见表 16 结果。

表 16　鸡舍每年每个灯位各种灯泡用量以及能耗情况

组别	单价(元)	使用年限	折旧费(元)	年能耗(kWh)	电费(元)	总计(元)
3WLED 灯	30	8.58	3.50	17.52	14.02	17.52
9W 节能灯	10	0.86	11.60	52.56	42.05	53.65
25W 白炽灯	1	0.47	5.88	146.0	116.8	133.68

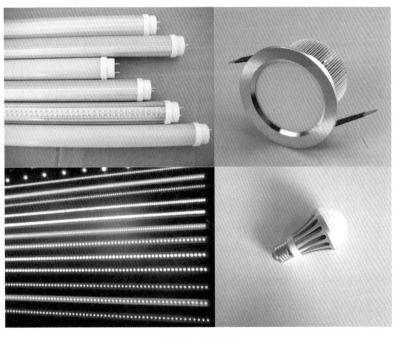

图 57　LED 灯

3. 光的一般作用

（1）光热效应　光的长波部分如红光和红外线，由于单个光子的能量较低，被组织吸收后，主要是使原子和分子发生旋转或震动，光能转变为热运动的能量，即产生光热效应。可使畜禽组织温度升高，加速各种物理化学过程，提高全身的代谢。

（2）光化学效应和光电效应　光的短波部分，特别是紫外线，由于单个光子的能量较大，可使畜禽体内的电子激发，引起化学变化，称为光化学效应。当入射光的能量更大时，可引起畜禽体内的电子逸出轨道，形成光电子而产生光电效应。

（3）光敏反应　畜禽采食某些含光敏物质的食物，如荞麦、三叶草、苜蓿、灰菜等，或在体内存在异常代谢产物，或有感染病灶吸收的毒素等，当受到日光照射，积聚辐射能量，使毛细血管壁破坏，通透性加强，引起皮肤炎症或坏死的现象，有时发生眼、口腔黏膜发炎或消化机能障碍，多发生于猪和羊。

光线被物质吸收的数量，与光线进入的深度成反比。光的波长越小，物体吸收光的能力越大，光线进入的深度越小。在所有光线中，物质对紫外线吸收力量大，其穿透力最小；物质对红外线吸收力量小，其穿透力最强。格罗萨斯·德雷伯（GrothusDraper）定律指出，光线只有被吸收后，才能在组织内引起各种效应。因此，紫外线引起的光生物学效应最为明显，可见光次之，红外线最差。

（4）光照强度　光源的发光强度用坎德拉（cd，坎）表示。单位时间内通过某一面积的光能称为光通量（lm，流）。若以 1cd 的来源为球心，1m 长为半径，其球面上的光通为 1lm（流明，流），又称照度，而人和动物对光强度的感觉又称视觉照度，是指 $1m^2$ 面积上的光通量为 1lm 时的强度，称为 1lx（勒克斯，勒）。实际上不同波长的光源，即使能量相同，但视觉强度并不相同。

（二）生物节律

在自然条件下，畜禽由于光照时数的周期性变化，其生理状态、生化过程、行为习性也呈现出周期性变化，这种周期性变化称为生物节律。

明暗、温度、湿度、气压、宇宙射线以及来自外界的其他因素，都可能激发动物机体的生物节律，社会习性也可能起着重要作用。在引起动物生物节律的所有环境因子中，被研究得最多的是光因子。

二、可见光对畜禽的影响

1. 光照强度

（1）对产蛋的影响　自然条件下，家禽的产蛋量有明显的季节性变化，这种变化主要是由光周期的变化引起的。一般是春季逐渐增多，秋季逐渐减少，冬季基本停产。光照强度对鸡的产蛋和生长发育均可产生影响，就产蛋而言，光照强度以 5～45lx 为宜。Morris 曾对各种不同光强度下的产蛋率进行了长时间的观察，他认为光照强度在 0.12～37lx，产蛋率随着光照强度（对数）的增加而呈抛物线形上升。根据 North（1972）采用的 0.1～42.8lx 的不同光照强度对产蛋母鸡在 45 周产蛋期内平均每只鸡产蛋量的试验结果显示：42.8lx 产蛋量更高。因此，在一定的范围内强光照对于促进产蛋的效果大。

（2）对生长育肥　光照不是对雏鸡的生长直接产生刺激作用，而是对雏鸡的活动或觅食等各种生理机能的固有节律起同步信号作用，从而间接地产生影响。光照强度过高或过低（小于 0.2lx），表现出抑制生长的倾向。据 Borrott（1951）报道，光照强度在 1～65lx 内，对鸡的生长没有影响，而在 130～290lx 内则抑制生长。Deaton（1976）报道，低强度的间歇光照，对增重和饲料利用率都无不良影响，但 12h 黑暗使生长率下降。在 21℃中，13lx、24h 的持续光照的饲料利用率，比 12h，205lx 和 12h，13lx 两种强度交替的持续光照高；0.25h，13lx，与 1.75h 黑暗交替的间歇光照，饲料利用率又高于 13lx 的持续光照。因为黑暗能减少活动量和产热量，故能提高饲料利用率，促进生长。在商品鸡的生产实践中，光照强度低于 1lx 会导致生产率下降。Morris（1976）认为鸡生长过程中，光照强度每增加 1 倍，到期肉用仔鸡的体重下降 10g。Ringer 的结论是，5lx 光照强度已能刺激肉用仔鸡的最大生长，而强度大于 100lx 则对生长不利。

人工光照强度 40～50lx，对育肥猪的正常代谢有利，并能增强抗应激能力和提高日增重。但过强的光照强度（120lx 以上），会引起猪神经兴奋，减少休息时间，增加甲状腺激素的分泌，提高代谢率，从而影响增重和饲料利用率。光照强度不够也会使仔猪生长减慢，成活率降低。在人工光照 40～50lx 环境下，无窗育肥猪舍的育肥猪表现出最高的生长速度。

（3）对繁殖的影响　光照强度对母猪的繁殖性能和生长育肥也有影响，繁殖母猪舍光照强度从 10lx 提高到 60～100lx，其繁殖能力提高 4.5%～8.5%，出生窝重增加 0.7～1.6kg，仔猪育成率增加 7%～12.1%，仔猪发病率下降 9.3%，平均断奶个体重增加 14.8%，平均日增重增加 5.6%。光照强度每增加 10lx，仔猪断奶窝重增加 141g，还可使母猪断奶后同期发情。所以，母猪舍内的光照强度以 60～100lx 为宜。

种公猪在光照强度不超过 8～10lx 的猪栏里饲养，其繁殖机能下降，当每天给予 8～10h、100～150lx 的人工光照时，精液品质得到改善。

（4）对产乳的影响　在一个农场发现，在春季每天把西门塔尔牛和杂种奶牛放出舍外3h或5.5h，能显著提高产乳量，除舍外的光照强度为舍内的20倍外，其他条件如温度、湿度等都相同，因而认为产乳量的增加，是由于光照强度的增大所致（Rako 等，1952）。据 Stanisiewshi 等（1985）报道，奶牛夜间用 536lx 的荧光灯补充光照，使每天的光照时间自 9～12h 延长到 16～16.5h，产乳量提高 2.2kg，但乳脂下降 0.16%。可见反刍动物要用很强的人工光照才能起作用，不像家禽产蛋，只需 5lx 的弱光即可。

（5）不利的影响　在高密度饲养的现代畜禽中，光的强度过高可以使鸡产生啄肛、猪发生咬尾等不良恶癖行为，引起重大损失。光照强度过强或过弱均会抑制畜禽的生长发育。

2. 波长（光色）

家禽对光色比较敏感，研究得也较多，尤其是鸡。见表 17 和表 18。

表17　光色对鸡的影响

项目	光色					项目	光色				
	红	橙	黄	绿	蓝		红	橙	黄	绿	蓝
促进生产				△	△	减少啄癖	△				△
降低饲料利用率			△	△		增加产蛋量	△	△			
缩短性成熟年龄				△	△	降低产蛋量			△		
延长性成熟年龄	△	△	△			增加蛋重			△		
使眼睛变大				△		提高雌性繁殖力				△	△
减少神经过敏	△					提高雄性繁殖力	△				

表18　光色对母鸡产蛋的影响

光色	红	蓝	白	绿
产蛋率(%)	78	73	69	68

3. 光照时间及其变化

（1）对繁殖性能的影响

1）蛋鸡　产蛋鸡的适宜光照时间一般认为应保持在 16h 以上。主要是抑制褪黑激素的生成，而使黄体酮保持较高的水平。目前有人提出在自然光照下采用夜间补充一次强光刺激以抑制褪黑激素，但刺激的强度、时间等都有待进一步验证。而尽管育成期逐渐延长光照时间可以使母鸡提早开产，但生产中恰认为育成初期的递减光照虽然推迟了开产期，但保证了鸡的体成熟，使全期产蛋量反而超过前者。

鸡的卵子成熟时间一般长于 24h，所以大多数鸡的排卵期，与光的日周期并不一致，而是略长于 24h，达 25～27h，这种非 24h 的周期叫"超期"。因此，鸡在正常产蛋季节内，往往连产几天后出现 1d 间歇，这是等待两个不同周期的吻合。目前在养鸡业中，已普遍采用补充人工光照的方法。而超长光照法的特点是光照与黑暗相加，总时数超过了 24h 自然昼夜，这样延长的昼长希望改进产蛋的性能。

2）羊　一般来说，绵羊、山羊为短日照动物，其发情、排卵、配种、产仔、换毛等都受光周期变化的影响。

3）马　属于长日照动物。光照时间的变化对母马的性活动影响比较明显，母马的繁殖季节一般在春季。在秋、冬季若给母马提供逐日延长的光照或每天给予稳定的 16h 光照，可使母马在处理后的 45～60d 开始发情，其促黄体素水平和黄体酮水平，同春季正常发情的母马相似。公马的性腺活动和母马一样，具有明显的季节性，在春季随着光照时间的逐日延长，精液量上升，秋季则随着日照的缩短而下降。

4）牛　无繁殖季节之分，但有些品种仍存在繁殖的淡旺季。如黄牛一般在 5～9 月发情的较多，水牛 8～11 月发情的较多，因此，这段时间是发情旺季。据伍清林等（1993）的调查，我国淮南地区，发情奶牛的受胎率，冬、夏季最低，春、秋季最高（表 19）。他对淮南地区 700 头妊娠期牛的统计资料也表明：10 月和 11 月配种的牛，其妊娠天数分别是 275d 和 274d，显著小于其他月份配种的平均数（278d）。这说明母牛妊娠的长短也受季节的影响。应注意的是，季节性的光周期虽然影响着牛的繁殖能力，但温度和湿度也起着一定的作用。

表19　发情期受胎率与季节的关系

季节(月)	春(3、4、5)	夏(6、7、8)	秋(9、10、11)	冬(12、1、2)
配种数(头)	189	176	166	319
受胎数(头)	110	85	100	161
发情期受胎率(%)	58.2	48.3	60.2	50.5

5)猪　光照时间对猪的性成熟有一定的影响。据 Bond（1974）研究表明，将饲养在普通光照下的后备母猪，与饲养在 23h 黑暗下的猪进行比较，后者的初情期比前者早 11d。光照对经产和初产母猪的发情影响与它们的生理阶段有关。

（2）对其他生产性能的影响

1)生长育肥　光照时间对生长育肥几乎无直接影响，生长在 23h 光照 1h 黑暗和 23h 黑暗与 1h 光照下的育肥猪可以获得同样的生产效果。但光照时间应保证畜禽的采食时间，当畜禽熟悉了固定的食槽位置后，才会出现上述效果。对肉鸡而言，从初期的连续光照过渡到后来间歇光照同样可以取得满意的结果，但在管理上应保证有充足的食槽和水槽位置，以便在开灯的情况下每只鸡都能获得充分的采食和饮水的机会。

2)产乳　在自然光照条件下，哺乳动物的产乳量，一般在春季最多，5～6 月达到高峰，7月大幅度跌落，10月又慢慢回升光照时间的长短影响着产乳量。当然这也与牧草的枯荣和气温有关。

3)产毛　羊毛的生长也有明显的季节性，一般夏季长日照时生长快，冬季短日照时生长慢。

Morris（1961）在澳大利亚为研究羊毛生长季节性变化，究竟是由温度还是由光照变化引起的，选用 3 组空怀洛姆尼湿地羊试验，第一组（对照）接受自然的气候条件（布里斯班，南纬约 28°）；第二组用人工光照，使光照长度的变化与该地的自然光照相反；第三组用人工气候，使气温的季节性变化与自然气温相反。结果发现羊毛生长的季节性变化因光照变化的反常而反常，不论气温如何，光照长度增加，羊毛生长加快；光照长度缩短，羊毛生长速度变慢（图58）。

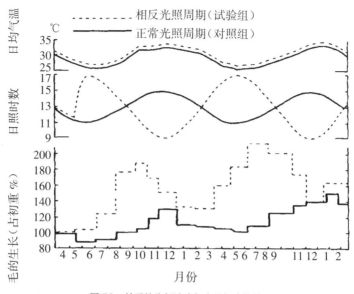

图 58　羊毛的生长速度与光照长度的关系

三、红外线和紫外线对畜禽的作用

（一）红外线对畜禽的作用

1. 消肿镇痛

红外线镇痛的作用是多方面的，一方面热本身对感觉神经有镇静作用，另一方面热作为一种新的刺激，与疼痛冲动同时传入中枢神经系统，使后者受到干扰，从而减弱疼痛的感觉。由于红外线具有显著的热作用，在医学上，可利用红外线来治疗冻伤、某些慢性皮肤疾患和神经痛等疾病。

2. 采暖

畜牧生产中常用红外线灯作为热源，对雏鸡、仔猪、羔羊和病、弱畜进行照射，这不仅可以采暖御寒，而且还可改善机体的血液循环，促进生长发育。波长 760～1 000nm 的红外线，可促进机体内酶分子的运动，改变酶分子的排列和结构，提高酶分子活性。

3. 色素沉着

红外线也有一定的色素沉着作用。因红外线被吸收后破坏了细胞，分解了蛋白质，激活了酪氨酸酶，后者与色素原结合，使之变为黑色素，皮肤上即出现色素沉着。此外，红外线还能加强太阳光谱中的紫外线的杀菌作用。

4. 不良影响

过度的红外线作用，可使热调节发生障碍。这时机体以减少产热，并重新分产热（皮肤的代谢升高，内脏的代谢降低）来适应新的环境，由于内脏血液量减少，使胃肠道对特异性传染病的抵抗力下降。

当过强的红外线作用于皮肤时，皮肤温度可升达40℃或更高，皮肤表面发生变性，甚至形成严重烧伤。此时生物学过程加强，组织分解产物进入血液，引起全身性反应。

（二）紫外线对畜禽的作用

1. 红斑作用

在紫外线的照射下，被照射部位皮肤会出现潮红，这种皮肤对紫外线照射和特异反应称红斑作用。由于产生红斑作用的这一波段紫外线也具有抗佝偻病作用，两者生物学作用的最佳效果光谱相近，故可用红斑剂量来代表紫外线的生物剂量。它不仅在紫外线治疗上常以皮肤的红斑反应强弱作为紫外线治疗的剂量标准，而且又具有重要的卫生学意义。一般用红斑剂量来表示机体每天所必需的紫外线照射剂量。

2. 杀菌作用

细菌或病毒的蛋白质、酶和核酸能强烈吸收相应波长的紫外线，使蛋白质发生变性离解，酶活性降低或消失，在核酸中形成胸腺嘧啶二聚体，DNA结构和功能受到破坏，从而导致细菌和病毒的死亡。

在畜牧业生产中，常用紫外线光源对畜禽舍进行灭菌。目前在鸡、鸭、猪等畜禽舍使用的低压汞灯，辐射出254nm紫外线，具有较好的灭菌效果。据生产实践证明，用20W的低压汞灯悬于畜舍2.5m的高空，每20m^{2}悬挂1盏，即1W/m^2，每日照射3次，每次50min左右，这样可降低家畜的染病率和死亡率，生产力明显提高（表20）。

表20　用紫外线照射灭菌对家畜的染病、死亡率和生长率的影响

效果	用紫外线灭菌	不用紫外线灭菌
染病率*（%）	46.8	78
死亡率（%）	0.4	3.5
生长率（kg/d）	0.55	0.42

注：*用流行性肺炎传染猪群。

3. 抗佝偻病作用

在畜牧生产中，常用人工保健紫外线（280～340nm）照射畜禽，来提高其生产性能。实践证明，采用15～20W的保健紫外线灯，安装在畜禽舍上空，距被照射畜禽1.5～2.0m高，每日照射4～5次，每次30min。安装0.7W/m^2，经照射后的畜禽，其生长率、产蛋量和孵化率均比不照射的提高。用紫外线灯也可照射奶牛、奶羊，同样会提高乳产量及其乳中的维生素D的含量。

需要强调的是，为防止佝偻病和软骨症的发生，在对家畜进行紫外线照射时，必须选用波长283～295nm的紫外线，不可用一般的紫外线灯代替。

4. 色素沉着作用

紫外线可使皮肤中的黑色素原通过氧化酶的作用，转变为黑色素，使皮肤发生色素沉着。

5. 提高机体的免疫力和抗病力

动物长期缺乏紫外线的照射，可导致机体免疫功能下降，对各种病原体的抵抗力减弱，易引起各种感染和传染病。

6. 增强机体代谢作用

紫外线照射能兴奋呼吸中枢，使呼吸变慢变深，促进氧的吸收和二氧化碳、水汽的排出。同时，能增加血液、红细胞和血红素的含量，提高血液携带氧和二氧化碳的能力，加速组织代谢过程。在紫外线局部照射时，还有改善局部血液循环、止痛、消炎和促进伤口愈合的作用。

7. 光敏性皮炎

当动物体内含有某些异常物质时，如采食含有叶红素的荞麦、三叶草和苜蓿等植物，或机体本身产生异常代谢物，或感染病灶吸收的病毒等，在紫外线作用下，这些光敏物质对机体发生明显的作用，能引起皮肤过敏、皮肤炎症或坏死现象，这就是光敏性皮炎或"光敏反应"。

8. 光照性眼炎与癌

紫外线过度照射动物眼睛时，可引起结膜和角膜发炎，称为光照性眼炎。其临床表现为角膜损伤、眼红、灼痛、流泪、怕光，经数天后消失。最易引起光照性眼炎的波长为295～360nm。长期接触小剂量的紫外线，可发生慢性结膜炎。此外，紫外线尚有致癌作用。据报道，海福特牛的眼睑为白色，较易致癌。

四、畜禽舍光照的控制与管理

（一）自然光照

1. 畜禽舍的方位

畜禽舍的方位直接影响畜禽舍的自然采光及防寒防暑，为增加舍内自然光照强度，畜禽舍的长轴方向应尽量与纬度平行。

2. 舍外状况

畜禽舍附近如果有高大的建筑物或大树，就会遮挡太阳的直射光和散射光，影响舍内的照度。因此，在建筑物布局时，一般要求其他建筑物与畜禽舍的距离，应不小于建筑物本身高度的 2 倍。为了防暑而在畜禽舍旁边植树时，应选用主干高大的落叶乔木，而且要妥善确定位置，尽量减少遮光。舍外地面反射阳光的能力，对舍内的照度也有影响。据测定，裸露土壤对阳光的反射率为 10%～30%，草地为 25%，新雪为 70%～90%。

3. 玻璃

玻璃对畜禽舍的采光有很大影响，一般玻璃可以阻止大部分的紫外线，脏污的玻璃可以阻止 15%～50%可见光，结冰的玻璃可以阻止 80%的可见光。

4. 采光系数

采光系数是指窗户的有效采光面积与畜禽舍地面面积之比（以窗户的有效采光面积 1）。采光系数愈大，则舍内光照度愈大。畜禽舍的采光系数，因畜禽种类不同而要求不同（表 21）。

表 21　不同种类畜舍的采光系数

畜舍种类	采光系数	畜舍种类	采光系数
奶牛舍	1∶12	种猪舍	1∶（10～12）
肉牛舍	1∶16	育肥猪舍	1∶（12～15）
犊牛舍	1∶（10～14）	成年绵羊舍	1∶（15～25）
种公马厩	1∶（10～12）	羔羊舍	1∶（15～20）
母马及幼驹厩	1∶10	成禽舍	1∶（10～12）
役马厩	1∶15	雏禽舍	1∶（7～9）

5. 入射角

畜禽舍地面中央一点到窗户上缘（或屋檐）所引直线与地面水平线之间的夹角（图59）。入射角愈大，愈有利于采光。为了保证舍内得到适宜的光照，入射角应不小于25°。从防寒防暑的角度考虑，我国大多数地区夏季都不应有直射的阳光进入舍内，冬季则希望阳光能照射到畜床上。这些要求，可以通过合理设计窗户上、下缘和屋檐的高度而达到。当窗户上缘外侧（或屋檐）与窗台内侧所引的直线同地面水平线之间的夹角小于当地夏至的太阳高度角时，就可防止太阳光线进入舍内；当畜床后缘与窗户上缘（或屋檐）所引的直线同地面水平线之间的夹角等于当地冬至的太阳高度角时，就可使太阳光在冬至前后直射在畜床上。

太阳的高度角：$h = 90° - \phi + \delta$

式中：h 为太阳高度角；ϕ 为当地纬度；δ 为赤纬，在夏至时为 $23°27'$，冬至时为 $-23°27'$，春分和秋分时为0。

6. 透光角

畜舍地面中央一点向窗户上缘（或屋檐）和下缘引起两条直线所形成的夹角（图52）。如果窗外有树或其他建筑物等遮挡时，引向窗户下缘的直线应改向遮挡物的最高点。透光角大，透光性好。只有透光角不小于5°，才能保证畜舍内有适宜的光照强度。

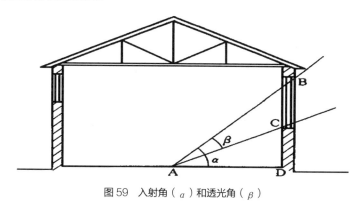

图59 入射角（α）和透光角（β）

7. 舍内反光面

舍内物体的反射情况对进入舍内的光线也有很大影响。当反射率低时，光线大部分被吸收，舍内就比较暗；当反射率高时，光线大部分被反射出来，舍内就比较明亮，据测定，白色表面的反射率为85%，黄色表面为40%，灰色为35％，深色仅为20％，砖墙约为40％。可见，舍内的表面（主要是墙壁和天棚）应当平坦，粉刷成白色，并经常保持清洁，以利于提高舍内的光照强度。

8. 舍内设施及畜栏构造与布局

舍内设施如笼养鸡、兔的笼体与笼架以及饲槽，猪舍内的猪栏栏壁构造和排列方式等对舍内光照强度影响很大，故应给予充分考虑。

（二）人工光照

1. 光源

畜禽一般可以看见400～700nm的光线，故白炽灯或荧光灯皆可作为畜禽舍照明的光源。白炽灯发热量大而发光效率低，安装方便，价格低廉，灯泡寿命短（750～1 000h）。荧光灯则发热量低而发光效率较高，灯光柔和，不刺眼睛，省电，但一次性设备投资较高，值得注意的是荧光灯启动时需要适宜的温度，环境温度过低，影响荧光灯启动。LED光源价格高，但耗能低、寿命长，而且具有可调控性。

2. 光照强度

各种畜禽需要的光照强度，因其种类、品种、地理与畜禽舍条件不同而有所差异。近年来，光照对禽类（尤其是蛋鸡）的影响研究资料较多，一般认为，如雏禽光照偏弱，易引起生长不良，死亡率增高。生长阶段光照较弱，可使性成熟推迟，并使禽类保持安静，能防止或减少啄羽、啄肛等恶癖。肉用畜禽育肥阶段光照弱，可使其活动减少，有利于提高增重和饲料转化率。各种家禽所需要的光照强度见表22。

表22　各种家禽所需的光照强度

种类	光照度（lx）	种类	光照度（lx）
第一周幼雏	20.2	蛋用鹌鹑	3.0～5.0
雏禽	5.0	第一周火鸡幼雏	30.0～50.0
蛋鸡与种鸡	6.0～10.0	火鸡雏	2.0
肉鸡	2.5	种火鸡	30.0
鸭	10.0～20.0		

3. 照明设备的安装

（1）确定灯的高度　灯的高度直接影响地面的光照度。光源一定时，灯愈高，地面的照度就愈小。为在地面获得10lx照度，需要的白炽灯瓦数和安装高度为：15W灯泡时为1.1m，25W时1.4m，40W时2.0m，60W时3.1m，75W时3.2m，100W时4.1m。

（2）确定灯的数量　灯数量＝畜禽舍地面面积×$a \div b \div c$，其中a为畜禽舍所需的照度，b为1W光源为每平方米地面积所提供的照度，如表23所示，c为每只灯的功率，一般取40W或60W。

表23　每平方米畜禽舍地面积设1W光源可提供的照度

光源种类	白炽灯	荧光灯	卤钨灯	自镇流高压水银灯
照度（lx/W）	3.5～5.0	12.0～17.0	5.0～7.0	8.0～10.0

（3）灯的分布　如果安装15W的无罩白炽灯应安装在离鸡体0.7（1.1）～1.1（1.6）m的垂直高度处，或直线距离处；如是25W，0.9（1.4）～1.5（2.1）m；40W，1.4（2.0）～1.8（2.6）m；60W，1.6（2.3）～2.3（3.3）m；100W，2.1（3.0）～2.9（4.2）m，括号内数字为加上灯罩时灯离鸡的垂直高度或直线距离。灯和灯之间的距离应为灯离鸡距离的1.5倍，灯离墙的水平距离应为灯间距的1/2。各个灯的安装位置应交错排列，均匀分布。

如果是荧光灯，灯与鸡的距离和同功率的白炽灯相同时，光照强度要比白炽灯大4～5倍。所以，要使光照强度相同，就要安装功率较小的荧光灯。

在多层笼养鸡舍，灯的安装位置最好应在鸡笼的上方，或在两排鸡笼的中间。但离鸡的距离应能保证顶层的或中间一层的光照强度为10lx，底层的就能达到5lx，各层都能得到适宜的光照度。另外，纵向安装也能使各层得到适宜的光照（图60）。为了省电，保持适宜的光照强度，最好设置灯罩，并保持灯泡、灯管、灯罩光亮清洁。光照设备要固定安装，以防刮风时来回摆动，惊扰鸡群。

图60 鸡舍照明设备纵向安装

（三）人工光照的管理措施

1. 恒定光照制度

恒定光照制度是培育小母鸡的一种光照制度，即自出雏后第二天起直到开产时为止（蛋鸡20周龄、肉鸡22周龄），每日用恒定的8h光照；从开产之日起光照骤增到13h/d，以后每周延长1h，达到15～17h/d后，保持恒定。

2. 递减光照制度（渐减渐增光照制度）

递减光照制度是利用有窗鸡舍培育小母鸡的一种光照制度。先预计自雏鸡出壳至开产时（蛋鸡20周龄、肉鸡22周龄）的每日自然光照时数，加上7h，即为出壳后第三天的光照时数，以后每周光照时间递减20min，到开产时恰为当时的自然光照时数，此后每周增加1h，直到光照时数达到15～17h/d后，保持恒定。

3. 间歇光照制度

间歇光照制度是用无窗鸡舍饲养肉用仔鸡的一种光照制度，即把一天分为若干个光周期，如光照与黑暗交替时数之比为1：3或0.5：2.5或0.25：1.75等。较常用的为1：3，光照期供鸡采食和饮水，黑暗期供鸡休息。这种光照制度有利于提高肉鸡采食量、日增重、饲料利用率和节约电力，但饲槽饮水器的数量需要增加50%。

4. 持续光照制度

持续光照制度是在肉用仔鸡生产中采用的一种光照制度，在雏鸡出壳后数天（2～5d）光照时间为24h/d，此后每日黑暗1h，光照23h，直至育肥结束。

5. 恒定单期光照制度

恒定单期光照制度是对蛋鸡实行的一种光照制度，通常在鸡开始产蛋后一直采用16h/d的光照。当自然光照短于16h时，以人工照明补足16h。

6. 超期光照制度

超期光照制度是对蛋鸡采用的一种光照制度，即光照的明暗周期合计时间大于或小于24h。也有单期光照和间歇光照之分。通常光照周期长于24h（如16L：10D，18L：10D等），超期光照可使蛋形变大，减少破壳率，多适用于蛋鸡产蛋后期。短于24h的超期光照（如15.75L：5.25D，13L：9D等）多用于蛋鸡的培育期。

目前，人工光照在养鸡场应用得较多，表24列出了一种便于操作的蛋鸡舍光照管理方案。表25列出了各种畜禽的光照时间。

表24　蛋鸡舍光照管理方案

商品蛋鸡		父母代种鸡	
周龄	光照时间（h）	周龄	光照时间（h）
0～1	23	0～1	23
2～17	8	2～19	8
18	9	20	9
19	10	21	10
20	11	22	11
21	12	23	12
22	13	24	13
23	14	25	14
24	15	26	15
25～68	16	27～64	16
69～76	17	65～70	17

表 25　各种畜禽的光照时间

畜舍	家畜	光照时间（h）
牛舍	泌乳牛	16 ~ 18
	种公牛	16
	1 岁育肥牛	6 ~ 8
	育成牛、后备牛	14 ~ 18
猪舍	种公猪、母猪、哺乳猪、断奶仔猪、后备猪	14 ~ 18
	瘦肉猪	6 ~ 12
	脂型肥猪	5 ~ 6
羊舍	母羊、种公羊	8 ~ 10
	妊娠后期母羊及羊羔	16 ~ 18
兔舍	兔	15 ~ 16
	毛皮动物	16 ~ 18

　　需要注意的是，光照制度和饲养制度结合起来，效果更好。如育雏期减少光照和限制饲养结合起来，控制体重和性成熟；产蛋初期增加光照和提高营养水平结合起来，以提高产蛋量等。开始增加光照时间，要根据鸡群平均体重和该品种开产时的标准体重比较结果而定。鸡群未达到适宜体重时不应使用光照刺激。若对轻于标准体重的鸡群进行光刺激产蛋，则将生产小于正常的蛋，并使高峰产蛋减少或过高峰期产蛋下降。

II 声环境管理技术

一、噪声的来源与危害

（一）畜禽舍内噪声的来源

　　畜禽舍内的噪声有 3 个来源，一是外界传入，如飞机、汽车、火车、拖拉机、雷鸣等；二是舍内机械产生，如风机、真空泵、除粪机、喂料机等；三是畜禽自身产生，如鸣叫、采食、走动、争斗等。

据测定，舍内风机噪声为 36 ～ 84dB，真空泵和挤奶机为 75 ～ 90dB，除粪机为 63 ～ 70dB。一般畜舍内的噪声，相对安静时为 48.5 ～ 63.9dB，生产（饲喂、挤奶、开动风机等）时高达 70 ～ 94dB。

（二）噪声对畜禽的危害

1. 产乳量

有报道称，110 ～ 115dB 的噪声会使奶牛产乳量下降 30％以上，同时发生流产和早产现象。还有人指出，经常处于噪声下的奶牛，适应了噪声环境，产乳量不会下降，但突然而来的噪声可使奶牛一次挤乳量减少，正在挤奶的牛受到突如其来的噪声的影响，会停止泌乳。

2. 产蛋量

严重的噪声刺激，可导致蛋鸡产蛋量下降，软蛋率和破蛋率增加。有人对试验鸡每天给予 10min 的电铃或其他噪声刺激，结果产蛋量有所下降，死亡和淘汰率有所上升。日本有人对来航鸡每天用 110 ～ 120dB 刺激 72 ～ 166 次，连续两个月鸡产蛋率下降，蛋重减轻，蛋的质量下降（表 26）。还有人用爆破声和 85 ～ 89dB 的稳定噪声对鸡进行刺激，结果成年鸡、大雏和中雏都受到影响（表 27）。研究表明，100dB 噪声使母鸡产蛋力下降 9％～ 22％，受精率下降 6％～ 31％；130dB 噪声可使鸡体重下降，甚至死亡。

表 26　噪声对来航鸡的影响

组别	平均产蛋率（％）	平均蛋重（g/ 枚）	软壳蛋率（％）	血斑蛋发生率（％）
对照	82.9	52.0	0	3.1
试验	78.0	51.0	1.9	4.6

注：据国外畜牧科技资料，增刊第 2 期，1975。

表 27 噪声对成年鸡、大雏鸡和中雏鸡的影响

组别	成年鸡		大雏鸡			中雏鸡		废鸡（%）
	产蛋率（%）	体重减少（%）	开产日龄（d）	产蛋率（%）	体重（g/只）	开产日龄（d）	产蛋率（%）	
对照	81.3	10～30	160	66	1702	147.1	54	15
试验	72.4	33～55	150.5	46	1740	148.2	32	24

注：据国外畜牧科技资料，增刊第 2 期，1975。

3. 生长育肥

噪声可对动物生长发育产生不利影响，如噪声由 75dB 增至 100dB，可使绵羊的平均日增重质量和饲料利用率降低。

4. 生理机能

噪声可使动物血压升高，脉搏加快，也可引起动物烦躁不安，神经紧张。严重的噪声刺激，可以引起动物产生应激反应，导致动物死亡。噪声对动物神经、内分泌系统产生影响，如使垂体促甲状腺素和肾上腺素分泌量增加，促性腺激素分泌量减少，血糖含量增加，免疫力下降。据 A. ижогов（1996）研究，猪舍内噪声经常高于 65dB 时，仔猪血液中白细胞和胆固醇含量会分别上升 25％ 和 30％。

5. 行为

噪声会使家畜发生惊恐反应，受惊动物行为表现为奔跑或不动，小而急剧的头部活动，最后像睡着一样。猫和兔在突然噪声下会发生惊厥或咬死幼仔。猪遇突然噪声会受惊，狂奔，发生撞伤，跌伤和碰伤，牛也有类似情况。但是许多人发现马、牛、羊、猪对于噪声都能很快适应，因而不再有行为上的反应。

二、畜禽场噪声控制

控制畜牧场的噪声应采取以下措施：选好场址，尽量避免外界干扰。畜牧场不应建在飞机场和主要交通干线的附近。合理地规划畜牧场，使汽车、拖拉机等不能靠近畜禽舍，还可利用地形做隔声屏障，降低噪声。畜牧场内应选择性能优良，噪声小的机械设备，装置机械时，应注意消声隔音。

专题三
畜禽舍空气质量管理关键技术

专题提示

随着畜牧业生产规模的不断扩大和集约化程度的不断提高，畜牧场的恶臭对大气的污染已构成了社会公害，使人类生存环境恶化，并对畜牧生产本身造成了危害，畜禽生产力下降，畜禽对疫病的易感性提高或直接引起某些疾病。恶臭物质以猪场最多，其次为鸡场、奶牛场、肉牛场。

I 畜禽舍内有害气体及其控制技术

一、有害气体的来源及其影响

（一）有害气体的来源

畜牧场恶臭的主要来源是畜禽粪便排出之后的腐败分解产物（图61）。

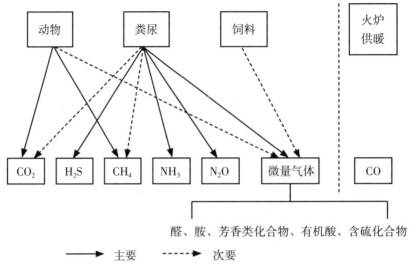

醛、胺、芳香类化合物、有机酸、含硫化合物

⟶ 主要　⟶ 次要

图61　有害气体来源及主要成分

［资料来源：Hartung J., Phillips V.R.J.，Agric.Eng.Res.，1994（57）：174］

（二）有害气体对畜禽的影响

1. 氨气（NH_3）

（1）理化特性和来源　氨为无色气体，具有强烈的刺激性。在畜禽舍内，氨大多由含氮有机物（粪、尿、饲料和垫料等）分解而来。

（2）氨对畜禽的影响　氨易溶于水，在畜舍内，氨常被溶解或吸附在潮湿的地面、墙壁表面，也可溶于畜禽的黏膜上，产生刺激和损伤。畜禽的眼结膜充血，产生炎症，严重者失明。氨吸入呼吸系统后，可引起畜禽咳嗽，打喷嚏，上呼吸道黏膜充血，红肿，分泌物增加，甚至引起肺部出血和炎症。低浓度的氨可刺激三叉神经末梢，引起呼吸中枢的反射性兴奋。氨吸入肺部，可通过肺泡上皮进入血液，引起血管中枢的反应，并与血红蛋白（Hb）结合，置换氧基，破坏血液运氧的能力，造成组织缺氧，引起呼吸困难。如果短期吸入少量的氨，可被体液吸收，变成尿素排出体外。而高浓度的氨，可直接刺激体组织，引起碱性化学性灼伤，使组织溶解、坏死；还能引起中枢神经系统麻痹、中毒性肝病、心肌损伤等症。短时间少量吸入 NH_3 很容易变成尿素而排出体外，所以中毒能较快地缓解。

畜禽长期生活在低浓度的 NH_3 环境中，虽然没有明显的病理变化，但会出现采食量降低，消化率下降，对疾病的抵抗力降低，生产力下降等现象，这种慢性中毒，需经过一段时间才能被察觉。这种情况，往往危害更大，应引起高度注意。

据报道，体重 45kg 生长猪，在氨浓度为 $38 \sim 46mg/m^3$ 的舍内饲喂 4 周，采食量下降 15.6％，体重下降 20％。氨还影响猪的繁殖性能，当舍内氨浓度达 $15.0mg/m^3$，小母猪持续不发情；当氨浓度降到 $4.3mg/m^3$ 时，所有小母猪均在 $7 \sim 10d$ 内发情。

氨还影响肉鸡的生长、蛋鸡的产蛋，使破蛋增加，发病率提高。如雏鸡在无氨的环境中接触新城疫病毒只有 40％受感染；在含 $15.2mg/m^3$ 氨的舍内饲养 3d 的雏鸡，接触新城疫病毒可达到 100％感染。СерянскииВ.М. 的实验（表28）提供了氨对雏鸡呼吸影响的资料。

表 28　氨对雏鸡呼吸的影响

组别	氨浓度（ mg/m³ ）	呼吸数（ 次/min ）		雏鸡状态
		加氨前	加氨后 1h	
1	5 ~ 10	30 ~ 40	40 ~ 45	正常、安静地休息
2	20	39 ~ 40	42 ~ 50	呼吸加快
3	30	36 ~ 38	50 ~ 60	呼吸加快、翅膀无力、瞬膜收缩加快、排粪频繁
4	40	34 ~ 36	65 ~ 80	呼吸快、张嘴、有的不断抖动或梳理羽毛、排粪频繁
5	50	34 ~ 36	40 ~ 80	雏鸡受刺激、时卧时起、呼吸急促
6	60 ~ 70	36 ~ 40	42 ~ 60	严重刺激、神经质地啄羽、个别鸡胸肌向一边收缩
7	5（对照）	38 ~ 40	42 ~ 44	安静地休息、乐于采食

注：实验鸡为 $1 \sim 20$ 日龄雏鸡，每组 5 只；氨每天作用 1h，连续 7d；实验箱温度为 $9.5 \sim 21.0℃$，相对湿度 64％～74％。

鸡舍内氨气的体感检测法：检测者进入鸡舍后，若闻到有氨气味且不刺眼、不刺鼻，其浓度在 $7.6 \sim 11.4mg/m^3$；当感觉到刺鼻流泪时，其浓度在 $19.0 \sim 26.6mg/m^3$；当感觉到呼吸困难时，睁不开眼，泪流不止时，其浓度可

达到 $34.2 \sim 49.4 \mathrm{mg/m^3}$。

2. 硫化氢（H_2S）

（1）理化特性和来源　硫化氢是一种无色、有腐蛋臭味的刺激性、窒息性气体，可燃，当其在空气中的浓度达 $4.3\% \sim 45.5\%$ 时，可发生爆炸。

畜禽舍空气中的硫化氢，主要来源于含硫有机物的分解。另外，畜禽采食富含硫的蛋白质饲料，当发生消化机能紊乱时，可由肠道排出大量硫化氢来。

（2）硫化氢对畜禽的影响

猪长期生活在低浓度硫化氢的空气环境中会感到不舒适，生长缓慢；浓度为 $30.4 \mathrm{mg/m^3}$ 时，猪变得畏光，丧失食欲，神经质；在 $76 \sim 304 \mathrm{mg/m^3}$ 时，猪会突然呕吐，失去知觉，接着因呼吸中枢和血管运动中枢麻痹而死亡。猪在脱离硫化氢的影响以后，对肺炎和其他呼吸道疾病仍很敏感，极易引起发气管炎和咳嗽等症状。

H_2S 对育成鸡血液指标的影响见表 29。

表 29　H_2S 对育成鸡血液指标的影响

组别	H_2S 浓度（$\mathrm{mg/m^3}$）	血红素（g）	氧容量（%）	碱储（mg）
1	0.03	7.8 ~ 8.0	93 ~ 94	480 ~ 520
2	0.02	8.8 ~ 8.9	92 ~ 93	520
3	0.01	8.9 ~ 9.0	93 ~ 94	520
4	0.005	9.8 ~ 10.0	95 ~ 96	420

注：实验鸡为 70 ~ 85 日龄育成鸡，每组 75 ~ 84 只，表中数值为实验 15d 后的结果。

3. 二氧化碳（CO_2）

（1）理化性质和来源　二氧化碳为无色、无臭、没有毒性、略带酸味的气体。

大气中的二氧化碳的含量为 0.03%（$0.02\% \sim 0.04\%$），而在畜禽舍中二氧化碳一般大大高于此值，主要来源是畜禽呼吸。

（2）二氧化碳对畜禽的影响　由于 CO_2 本身为无毒气体，空气中 CO_2 浓度的安全阈值比较高。但是，由于畜禽舍中高浓度 CO_2 的出现，表明畜禽舍长期通风不良、舍内氧气消耗较多、其他有害气体含量可能较高；氧的含量相对下降，使畜禽出现慢性缺氧、生产力下降、体质衰弱等症状，易感染结核等慢性传染病。

4. 恶臭物质（Mephitis）

（1）理化特性和来源　恶臭物质是指刺激人的嗅觉，使人产生厌恶感，并对人和动物产生有害作用的一类物质。畜牧场的恶臭来自畜禽粪便、污水、垫料、饲料、尸体等的腐败分解产物，畜禽的新鲜粪便、消化道排出的气体、皮脂腺和汗腺的分泌物、畜体的外激素、黏附在体表的污物等以及呼出的 CO_2（含量比大气高约 100 倍）也会散发出不同于畜禽特有的难闻气味。

（2）恶臭物质对畜禽的影响　畜牧场恶臭物质的成分及其性质非常复杂，其中有一些并无臭味甚至具有芳香味，但对畜禽有刺激性和毒性。此外恶臭对人和畜禽的危害与其浓度和作用时间有关。低浓度、短时间的作用一般不会有显著危害；高浓度臭气往往导致对健康损害的急性症状，但在生产中这种机会较少；值得注意的是低浓度、长时间的作用，有产生慢性中毒的危险，应引起重视。

（3）恶臭的评定　我国对恶臭强度的表示方法采用 6 级评价法（表 30）。嗅觉是人的主观感觉，不同的人对相同臭气给出的嗅阈值可能是不同的，这之间会有一定的误差，在生产实践中必须予以考虑和注意。

表 30　恶臭强度表示法

级别	强度	说明
0	无	无任何异味
1	微弱	一般人难于察觉，但嗅觉敏感的人可以察觉
2	弱	一般人刚能察觉
3	明显	能明显察觉
4	强	有很显著的臭味
5	很强	有很强烈的恶臭物质

（资料来源：农业部标准与技术规范编写组，畜禽饲养场废弃物排放标准编制说明，1994 年。）

二、空气环境质量标准

我国农业行业标准对缓冲区、场区和畜禽舍内都有具体的空气环境质量标准（表 31）。

表 31　空气环境质量标准

序号	项目	单位	缓冲区	场区	舍内			
					禽舍		猪舍	牛舍
					雏禽	成禽		
1	氨气	mg/m³	2	5	10	15	25	20
2	硫化氢	mg/m³	1	2	2	10	10	8
3	二氧化碳	mg/m³	380	750	1 500		1 500	1 500
4	恶臭	稀释倍数	40	50	70		70	70

注：①场区——规模化畜禽围栏或院墙以内、舍内以外的区域。

缓冲区——在畜禽场外周围，延场院向外 ≤ 500m 范围内的禽畜保护区，该区具有保护禽畜场免受外界污染的功能。

②恶臭的测定采用三点比较式臭袋法。

③表中数据皆为日测值。

（资料来源：中华人民共和国农业行业标准 NT/T 388—1999）

一氧化碳的日平均最高容许浓度为 1.0mg/m³，一次最高容许浓度为 3.0 mg/m³。

三、有害气体的控制技术

（一）电净化技术

1. 技术设备与工作原理

电净化技术是依靠空间电场防病防疫技术原理，利用直流电晕放电的特点对空气中各成分进行净化。空间电场的高压电极对空气放电产生的高能带电粒子（低温等离子体）和微量臭氧能对有害气体进行氧化与分解，而空间电场和高能带电粒子和微量臭氧能把附着在粉尘、飞沫上的病原微生物有效地杀死或灭活。

2. 电净化技术在畜禽舍中的应用

（1）平养鸡舍和普通猪舍的应用　畜禽舍空气电净化系统在平养鸡舍和普通猪舍中只能安装在舍内上方顶部，考虑到系统的安全性，电极系统应保持距地面 2.5m 以上的高度。由于畜禽舍地面的建筑和用具比较复杂，系统建立的空间电场将会受到显著影响而降低作用效果。

空间电场对畜禽舍内空气中微生物、粉尘、恶臭气体的清除效率受饲养设备、建筑结构影响较大。也就是说，结构物对空间电场的屏蔽可显著降低空间电场的灭菌效率，而空间电场在暴露或平坦的空间灭菌效率则很高。

（2）笼养鸡舍、高床猪舍的应用　对于笼养鸡舍、高床猪舍，一般安装两套空气电净化系统。一套装在舍内上方顶部，用于净化空气中的粉尘，分解恶臭气体和对空气进行灭菌消毒；另一套装在粪道空间中，直接控制恶臭气体的产生和病原微生物的扩散。这种电净化方式在空气净化方面要远远优于平养鸡舍、矮床猪舍或地面平养猪舍允许的布置方式。

（二）喷雾净化技术

以压缩空气为动力的喷雾装置的喷雾原理是利用高速气流对水的分裂作用，把水挤拉成细雾，当压缩空气以很高速度从喷嘴中喷出时，水也以一定速度喷射，两者由于速度差产生摩擦，另外水与孔壁也产生摩擦，致使水被挤拉

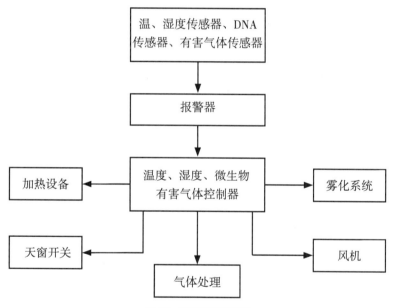

图62　喷雾系统流程图

成一条很细的丝，遇到空气阻力很快断裂成微小的环形水滴，直径可达20um以下。形成的细雾滴弥漫整个室内与空气混合，从而实现除尘、降温、消毒的目的。随着科技的不断进步，喷雾系统可以采用完全自动控制来实现。温度传感器、湿度传感器、NH_3、H_2S气体浓度传感器以及生物病毒DNA传感器，各种特种传感器应运而生，为环境的控制提供了方便。这种系统可以根据传感器的反馈信息来调节畜禽舍内各因素含量，启动雾化装置降温消毒免疫，启动通

风设备实现通风。系统控制原理见图 62，鸡舍喷雾消毒见图 63。

图 63　鸡舍喷雾消毒

（三）科学进行畜禽舍建筑设计

畜禽舍的建筑合理与否直接影响舍内环境状况的好坏，因而在建筑畜禽舍时就应精心设计，做到及时排除粪污、通风、保温、隔热、防潮，以利于有害气体的排出。采用粪和尿、水分离的干清粪工艺和相应的清粪排污设施，确保畜禽舍粪尿和污水及时排出，以减少有害气体和水汽产生。

当畜禽舍内湿度太大时，一方面有机物易腐败变质产生有害气体，另一方面有害气体溶于水汽不易排除。为了保证有害气体的排出，必须对畜禽舍的地基、地下墙体、外墙勒脚、地面设防潮层，通过减小畜禽潮湿来排出有害气体。

在寒冷季节，隔热不好的畜舍舍内温度低，当低于露点温度时，水汽容易凝结于墙壁与屋顶上，溶解有害气体，因而对于屋顶、墙壁都要进行保温和隔热设计。

（四）日常管理

1. 要及时清除畜禽舍内的粪尿

粪尿分解是氨和硫化氢的主要来源。畜禽的粪尿必须立即清除，防止在舍内积存和腐败分解。不论采用何种清粪方式，都应满足排除迅速、彻底，防止滞留，便于清扫，避免污染的要求。

2. 要保持舍内干燥

潮湿的畜禽舍、墙壁和其他物体表面可以吸附大量的氨和硫化氢。当舍温上升或潮湿物体表面逐渐干燥时，氨和硫化氢会挥发出来。因此，在冬季应加强畜舍保温和防潮管理，避免舍温下降，导致水汽在墙壁、天棚上凝结。

3. 使用垫料或吸收剂，可吸收一定量的有害气体

各种垫料吸收有害气体的能力不同，麦秸、稻草、树叶较好一些；黄土的效果也不错，北方农村广泛使用。肉鸡育雏时也可用吸收剂，如磷酸、磷酸钙、硅酸等。在小型猪舍内可用干土垫圈，以吸收粪尿和有害气体。

4. 适当降低饲养密度

在规模化集约化畜牧场，冬季畜禽舍密闭，通风不良，换气量小，畜禽舍饲养密度过大产生有害气体量超过正常换气量，易导致空气污浊，适当降低饲养密度可以减少畜禽舍有害气体。

5. 建立合理的通风换气制度

采用科学的方法合理组织通风换气方法，保证气流均匀不留死角，可及时排出畜禽舍有害气体。值得注意的是，在冬季畜禽舍通风时，进入畜禽舍的空气温度应高于水汽露点温度，否则，舍内水汽凝结成小滴，不易排出水汽及有害气体。在条件许可的情况下，尽量采用可对进入空气进行加热或降温处理的有管道正压通风系统以提高污浊空气排出量，减少畜禽舍污浊空气。

6. 在粪便中加入化学试剂减少有害气体产生

采用以上方法还未能消除有害气体时，可采取化学试剂方法，比如氨的消除可采用过磷酸钙中和，生成铵盐。

据有关资料统计，在 NH_3 浓度为 $100mg/m^3$ 的蛋鸡舍中，按每只鸡撒布 16g 过磷酸钙后，NH_3 可降至 $50mg/m^3$。在肉鸡舍中，NH_3 浓度达 $50mg/m^3$ 时，按每只鸡撒布 10g 过磷酸钙后，NH_3 可降至 $10mg/m^3$。

7. 采用微生物活菌制剂降解有害物质

据有关资料表明，在畜禽日粮中投放 EM 菌剂等有益微生物复合制剂，能有效地降解 NH_3、H_2S 等有害气体（表32、表33）。

表32 日粮添加 EM 菌剂对猪舍空气氨含量的影响

试验次数	1	2	3	4	平均数
添加 EM 菌剂前舍内氨浓度（mg/m³）	66.8	57.5	48.4	62.6	58.8±7.9
添加 EM 菌剂后舍内氨浓度（mg/m³）	17.5	16.1	14.2	16.5	16.1±1.4
添加 EM 菌剂舍内氨浓度降低率（%）	73.8	72.0	70.7	73.4	72.5±1.4

表 33　添加 EM 菌剂对蛋鸡舍硫化氢的降解效果

试验次数	1	2	3	4	平均数
未添加 EM 菌剂舍内 H_2S 浓度（mg/m^3）	20.4	22.8	19.8	20.2	20.8±1.4
添加 EM 菌剂舍内 H_2S 浓度（mg/m^3）	3.9	4.2	3.8	3.8	3.9±0.3
舍内 H_2S 降低率（%）	80.9	81.6	82.3	81.2	81.5±0.6

此外，EM 菌剂中含有多种有效微生物菌群，在粪便中加入有益微生物制剂，可减少有害气体的产生。例如，其中的好气和光合微生物能利用 H_2S 进行光合作用，放线菌产生的分泌物对病原微生物有抑制作用等；一方面抑制臭气成分的产生，另一方面对上述有害成分直接利用，从而达到净化空气的目的。

8. 合理配合日粮和使用添加剂以减少有害气体的排放量

采用理想蛋白质体系，适当降低日粮中粗蛋白质含量，添加必要的必需氨基酸，提高日粮蛋白质的利用率，可以尽量减少粪便中氮、磷、硫的含量，减少粪便和肠道臭气的排放量。例如，在保持生产性能不变的情况下，添加必需氨基酸，将育肥猪日粮蛋白质从 16% 减至 12% 时，猪粪尿中氨气的散发量减少 79%。在日粮中添加非营养性添加剂如膨润土和沸石粉，可吸附粪尿中的有害气体，如 Canh（1977）报道，在生长猪日粮中添加 2% 海泡石，可使粪尿中氨含量减少 6%。在幼畜日粮中添加酶制剂，可有效提高饲料消化利用率，降低粪尿中有害气体的产生量。

Ⅱ 畜禽舍内空气中微粒控制技术

一、微粒与畜禽生产、卫生标准

（一）微粒对畜禽生产与健康的影响

1. 微粒对畜禽健康的直接危害

微粒对畜禽最大的危害是通过呼吸造成的。微粒直径的大小可以影响其侵入畜禽呼吸道的深度和停留时间，而产生不同的危害，微粒的化学性质则决定其毒害的性质。有的微粒本身具有毒性，如石棉、油烟、强酸或强碱的雾滴、某些重金属（铅、铬、汞等）粉末。有的微粒吸附性很强，能吸附许多有害物质。大于10um的降尘一般被阻留在鼻腔内，对鼻黏膜产生刺激作用，经咳嗽、喷嚏等保护性反射作用可排出体外。5～10um的微粒可到达支气管，5um以下的微粒可进入细支气管和肺泡，而2～5um的微粒可直至肺泡内。这些微粒一部分沉积下来，另一部分随淋巴液循环流到淋巴结或进入血液循环系统，然后到达其他器官，引起尘肺病，表现为淋巴结尘埃沉着、结缔组织纤维性增生、肺泡组织坏死，导致肺功能衰退。当少量微粒被吸入肺部时，可由巨噬细胞处理，经淋巴管送往支气管淋巴结。肺内少量微粒的出现，通常不认为是尘肺。只有当微粒（粉尘）在肺组织中沉积并引起慢性炎症反应时才称为尘肺。现在普遍认为，呼吸性粉尘浓度是影响猪肺炎发生的因子之一。

微粒在肺泡的沉积率与粒径大小有关，1um以下的在肺泡内沉积率最高。但小于0.4um的颗粒能较自由地进入肺泡并可随呼吸排出体外，故沉积较少。当微粒吸附氨、硫化氢以及细菌、病毒等有害物质时，其危害更为严重。微粒愈小，被吸入肺部的可能性愈大，这些有害物质在肺部有可能被溶解，并侵入血液，造成中毒及各种疾病。

微粒落在皮肤上，可与皮脂腺、汗腺分泌物以及细毛、皮屑、微生物混合在一起，对皮肤产生刺激作用，引起发痒、发炎，同时使皮脂腺和汗腺管道堵塞，皮脂分泌受阻，致使皮脂缺乏，皮肤变干燥、龟裂，造成皮肤感染。当汗腺分泌受阻时，皮肤的散热功能下降，热调节机能发生障碍，同时使皮肤感受器反应迟钝。

2. 微粒可作为有害气体的载体侵入畜禽体内

微粒除了其本身对畜禽健康造成危害外，更主要的是微粒在潮湿环境下可吸附水汽，也可吸附 NH_3、SO_2、H_2S 等有害气体，这些吸附了有害气体的微粒进入呼吸道后，给呼吸道黏膜以更大的刺激，引起黏膜损伤。微粒体积越小，吸收有害气体后对呼吸系统的危害越大。

3. 微粒可作为病原微生物的载体

微生物多附着在空气微粒上运动与传播，畜禽舍中的微生物随尘埃等微粒的增多而增多（表34）。

表34 畜禽舍空气中细菌数和降尘量的关系

指标	夏季			冬季		
	哺乳母猪舍	肉种鸡舍	蛋鸡舍	哺乳母猪舍	肉种鸡舍	蛋鸡舍
细菌数(个/L)	127 534	275 446	776 780	329 551	807 628	1 167 253
降尘量[g/(m²·d)]	0.966 6	2.185 0	2.761 0	0.608 0	2.839 2	5.564 7
相对湿度(%)	77.9	78.6	72.8	88.8	72.5	80.3

从表34测定结果可以看出，不但肉种鸡舍和蛋鸡舍冬季空气中细菌数和降尘量均高于夏季，而且畜禽舍空气中降尘量越高，细菌数越多。畜禽舍空气中飘浮的有机性灰尘与潮湿、污浊的气体环境相结合，为微生物的生存和繁殖提供了良好条件。因此，冬季哺乳母猪舍虽然降尘量减少，但因湿度大而使细菌数仍较高。减少空气微粒，是减少病原传播的重要措施。

4. 微粒对畜禽生产的影响

一方面，尘埃等微粒通过影响畜禽机体健康而影响畜禽优良生产性状的充分发挥；另一方面，微粒也可直接影响动物的产品，比如在毛皮动物生产中，过分干燥的环境，加之尘埃的作用，会极大地降低毛绒品质与板皮质量。

（二）卫生标准

大气中微粒的含量，可用重量法和密度法计量。重量法即以每立方米空气中微粒的质量表示，其单位为 mg/m^3 或 $\mu g/m^3$。密度法即以每立方米空气中微粒的颗粒数表示，单位为粒 $/m^3$。我国农业行业标准对于微粒的评价有两项指标，即可吸入颗粒物（PM10）和总悬浮颗粒物（TSP），其质量标准见表35。

表35 空气环境可吸入颗粒物和总悬浮颗粒物质量标准

序号	项目	单位	缓冲区	场区	舍内		
					禽舍	猪舍	牛舍
1	PM10	mg/m³	0.5	1	4	1	2
2	TSP	mg/m³	1	2	8	3	4

注：①场区——规模化畜禽场围栏或院墙以内、舍内以外的区域。

缓冲区——在畜禽场外围，沿场院向外≤500m范围内的禽畜保护区，该区具有保护畜禽场免受外界污染的功能。

② PM10：空气动力学当量直径≤10um的颗粒物；TSP：空气动力学当量直径≤100um的颗粒。

③表中数据皆为日测值。

（资料来源：中华人民共和国农业行业标准NT/T 388—1999）

二、微粒的控制技术

（一）进气净化技术

畜禽舍空气中的部分微粒是由通风换气从舍外带进来的。对进气的除尘处理不仅可以减少舍内的粉尘浓度，更重要的是可以降低病原微生物在舍与舍之间的传播，同时也减少病原微生物在舍内的累积速度。对于幼畜禽来说，由于其特异性与非特异性抵抗力都较弱，只能抵御很少的病原体，病原积累期短，所以需要对进气进行净化。畜禽舍进气的主要净化技术是空气过滤。

过滤装置（图64）经常用畜禽舍的进气除尘或对舍内空气进行循环过滤。过滤除尘与其他除尘技术相比，其主要特点是可以对呼吸性粉尘有较高的捕集效率。人们在不同的畜禽舍都进行过过滤除尘研究。

正压过滤装置在鸡舍的试验结果表明，用粗效和高效两组过滤器对进气过滤，总过滤效率为90%，能有效隔离外界传染病的侵入。即使在60m远的其他舍发生传染性支气管炎，实验鸡舍中也未检验出该病的血清学指标。而且空气过滤能改善雏鸡的生长性能。结果显示21日龄时，实验舍的饲料转化率和增重效果分别比普通舍高25%和30%。为了减少犊牛舍肺炎的发生，Hillmam等人用正压过滤通风系统对粉尘进行控制。过滤后的进气粉尘数密度小于10^4个/m^3，舍内粉尘降到$7×10^5$个/$m^3±2×10^5$个/m^3，（在未安装过滤装置的犊牛舍测得粉尘浓度为$93×10^5$个/$m^3±29×10^5$个/m^3），下降了90%以上。由于选用了亚高效滤膜（对0.3um粒子的过滤效率达95%），0.5～2.0um的呼吸性粉尘数量得到明显降低。Duulea等人尝试使用过滤通风装置对马厩的呼吸性粉尘进行控制。当舍外呼吸性粉尘达45个/m^3时，实验间内保持在10个/m^3以下。分别用秸秆、纸屑、刨花作垫草并搅动，发现在短时间内（12min），舍内呼吸性粉尘就能降到10个/m^3以下。在实际马厩中实验证实了试验间的结果。选用的过滤材料为袋式过滤器（效率93%～97%）和高效过滤器（效率>99.97%）。

图 64　进气口的空气过滤器

（二）舍内净化技术

1. 增加通风速率

通风是一种传统的除尘方式。大部分研究表明，高通风率能有效降低舍内粉尘浓度。在断奶仔猪舍和育肥舍，将通风速率从最小升至最大，粉尘浓度下降了 61%。不同通风系统的 6 个舍的试验表明，通风速率与空气中粉尘数密度密切相关。在低通风速率下，粉尘浓度明显受湿度的影响；而在高通风速率下，粉尘浓度一直维持较低水平。

机械通风的降尘效果优于自然通风，机械通风舍的粉尘数密度比自然通风舍低 43%。而且与自然通风的畜禽舍相比，机械通风舍内粉尘浓度变化较小。

但通风降尘有其不足之处。通风排出了部分粉尘，但也减少了粉尘的沉降。另外，北方地区冬季舍外温度低，要求小的通风量，所以无法仅靠通风达到控制粉尘的目的。而且通风直接把污浊气体排向周围大气，造成新的污染。如果畜舍间的距离较近，排出的空气被其他舍吸入，容易造成疫病的流行。因此，无论从防疫的角度或者从环境保护的角度考虑，选择通风除尘方式时，都需要对排风或者进风进行一定处理。

2. 喷雾

喷雾除尘的过程，是当雾化水滴与随风扩散的尘粒相碰撞，由于较粗颗粒的粉尘惯性大于水滴，碰撞后会黏着在水滴表面或被水滴包围，润湿凝聚成重量较大的颗粒，从而借助重力加速沉降，高压风力产生的雾粒增加带电性，产生静电凝聚的效果，这一作用力加速了尘粒与雾粒合并的效果，获得较高的降尘率。

3. 过滤除尘

过滤装置也用于畜禽舍内除尘，见表 36。Carpenter 等人使用干空气过滤器进行舍内空气再循环过滤。试验结果表明：在小型畜舍（如早期断奶仔猪平养舍），可降低粉尘质量浓度和微生物菌落数密度 50%～60%。在 2 个猪场测得的过滤效率分别为 99.2% 和 97.6%。该过滤系统由预过滤器和细过滤器组成，预过滤器用吸尘器清洗。

湿法除尘有较好的空气净化效果，它能同时去除水溶性的气体（如 NH_3、CO_2 等），也无须频繁清洗除尘器。湿法除尘器能去除 40% 的猪舍粉尘，25% 的 NH_3，15% 的 CO_2 及 50% 的微生物。但是湿法除尘的耗水量大，而且存在污水处理和舍内湿度过大等问题。

表 36　过滤器的种类

过滤器形式		过滤效率		压力（Pa）	容尘量（g/m²）	备注
		粒径(um)	（%）			
一般通风用过滤器	粗效过滤器	≥5.0	20～80	≤50	500～2 000	过滤速度以 m/s 计，通常小于 2m/s
	中效过滤器	≥1.0	20～70	≤80	300～800	滤料实际面积与迎风面积之比 10～20，滤速以 dm/s 计
	高中效过滤器	≥1.0	70～99	≤100	70～250	滤料实际面积与迎风面积之比为 20～40，滤速以 cm/s 计
	亚高效过滤器	≥0.5	95～99.9	≤120	50～70	滤料实际面积与迎风面积之比为 50～60，滤速以 cm/s 计，通常 <2cm/s
高效过滤器		0.3	>99.97	200～250		

在国外，有些畜禽舍采用了静电过滤器。在鸡舍里采用小流量（0.5m³/s）静电过滤器，按重量计可以清除90%粒径＞8um的粉尘、低于50%的＜3um的微粒以及80%的细菌。静电过滤器是利用高压电场产生的静电力，使通过的含尘空气发生电离，荷电的尘粒向集尘极移动，并沉积在上面。它是一种高效的除尘设备，对粒径1～2um的微粒，效率可达98%～99%，而与其他高效空气过滤器相比，其阻力比较低。处理空气量愈大，经济效果愈明显。

静电除尘器对清除大的尘粒效果较好，但对于呼吸性粉尘的除尘效果较差。鸡舍内使用一个小型静电除尘器能去除80%的悬浮细菌与大于8um的粒子，但对于小于3um的粉尘，效率不到50%。电除尘器的一次性投资费用较大，需要高压变电及整流控制设备，对制造和安装要求高，不过易于实现微机控制。

4. 清除降尘

在自然条件下，降尘会由于通风、动物活动等而重新回到空气中。畜禽舍粉尘再逸散的问题目前研究相对较少。人们试过用吸尘器及冲洗等方法来清除降尘，但效果不明显。用吸尘器清洗仅使空气中的粉尘质量浓度降低6%；每周冲洗猪与地面则可以减少10%。高孔隙度的地板却较好地减少了降尘的再逸散。金属网格地板的舍内飘尘只有实地的1/4。漏粪地板不但能减少降尘的再逸散，而且避免了粪便在地上干燥形成粉尘源。

5. 控制饲料粉尘

大量研究证实粉尘最大的来源是饲料，从饲料上控制粉尘的产生，费用低，操作简单，有较好的效果。而且，还可以与其他除尘措施配合使用，提高除尘效果。目前，控制饲料粉尘主要有3个途径：改变饲料种类，使用饲料添加剂，使用饲料涂层。

颗粒饲料能有效降低粉尘浓度。模拟动物进食行为的实验室试验发现：与粉质饲料相比，3mm颗粒饲料减少40%的呼吸性粉尘粒子；而7mm颗粒饲料比3mm颗粒饲料又能减少17%。20个畜舍的调查表明：使用颗粒饲料的畜舍，飘尘浓度和降尘浓度都是最低的。但湿饲料的降尘效果还存在争议。一些研究认为湿饲料能明显减少粉尘浓度，而另外的调查却表明：喂湿饲料的舍是粉尘浓度最大的舍之一。

饲料中添加脂类物质能降低粉尘的产生。降尘量与添加剂的数量成比例。在断奶仔猪饲料中添加5%的豆油，能减少47%的降尘和27%的悬浮细菌。

动物油脂的降尘效果只有豆油的 1/2。

动植物油脂一般作为涂层喷洒到颗粒上，主要目的是提高饲料的热量值，它也同样可以降低粉尘的产生。与无涂层的饲料相比，喷了 2％脂肪涂层的饲料能减少 25％的呼吸性粉尘数。脂肪涂层中加入 2％的木质素，能降低 33％的呼吸性粉尘数。在热饲料中的使用效果明显高于凉饲料。

（三）排气净化技术

1. 生物质过滤器

生物质过滤器的原理是在排风机的后面设置水平式或垂直式的过滤间，借助排风机的压力使排出空气通过秸秆等生物质材料，清除排出气流中的微粒、有害微生物和恶臭。Hoff 等人用切碎的玉米秸秆作为生物质过滤材料对猪舍的排出空气进行了实际测定，过滤片的厚度为 10 ～ 15cm，过滤片之间的间距为 30 ～ 50cm。

试验的初步结果见表 37，生物质过滤可以减低排出空气粉尘 45％～ 75％，但在气流量 2 000 ～ 3 000m³/h 下需要最小过滤面积达 8 ～ 10m²，如按中国典型蛋鸡舍 12m×120m，饲养量为（1.8 ～ 2）×10⁴ 只，需通风量（2 ～ 2.8）×10⁵m³/h，将需要过滤面积达 800 ～ 1 000m²，不仅投资高，而且大面积过滤间将增大排风机的阻力，增加通风系统的运行成本。因此，生物质过滤器的主要问题是处理空气量太小。

表 37　生物质过滤器降尘效果

类型	总尘减少均值（％）	总尘减少范围（％）	气流量（m³/h）	有效过滤面积（m²）	过滤面流速（cm/s）	恶臭阈值下降（％）
水平式	67	52 ～ 76	2 298±1 043	20.4	3.1±1.4	50 ～ 70
垂直式	62	46 ～ 83	3 060±1 015	8.8	9.7±3.2	—

2. 挡尘墙

挡尘墙（图 65）是现在畜禽舍环境研究中的一个热点问题。台湾已经有 200 多个鸡场的纵向通风舍使用挡尘墙来控制粉尘和恶臭。美国很多猪场采用负压纵向通风，人们也在试验各种挡尘墙来降低粉尘和臭味。

挡尘墙的主要工作原理是：在风机排风气流附近设一个大的开放式沉降

室，改变排出气流的方向与流速，使排出气流中的多数颗粒物沉降在挡尘墙以内，这也同时清除了附着于颗粒物上的恶臭化合物和病原微生物。而且，挡尘墙能够提供排出气流一个迅速有力的垂直扩散，使新鲜空气以更快的速度混合进来，增加了对臭气的稀释潜力。与生物质过滤器等畜禽舍排气处理技术不同，挡尘墙可以说不存在压力损失，也没有通风换气量的限制，尤其适用于排气集中于尾端的纵向通风舍。

挡尘墙的材料可以有多种多样。Bottcher 等人将带金属环的防水布绑在管架上制成挡尘墙，但这种设计不适应大风的环境。还有人用压实的秸秆垛为材料。台湾有的挡尘墙由金属材料制成，并具有双层结构。有些墙表面还可以用化学添加剂处理，以中和气流中的 VOC。

挡尘墙一般位于排气扇后 3～10m 处，高度为 3～5m 或更高。烟雾试验发现：6m 处的挡尘墙内烟雾滞留时间较 3m 处更长，也许意味着更多的粉尘沉降。

挡尘墙的投资运行费用都很低，使用简单，而有相当的空气净化效果。Bottcher 等人的试验发现：将挡尘墙设于排气扇后 6m，距排风口 10m 处的粉尘数密度出现明显降低。其中 0.5～0.7um 的粒子数降低了 25％左右，随粒径的增加，分级除尘效率基本呈上升趋势，对大于 5um 的粒子除尘率达到 55％以上，恶臭也明显降低。

图 65 畜禽舍外的挡尘墙

3. 防护林带

防护林也被用于畜禽舍排出空气的治理。一个设计与布局良好的防护林可以给粉尘和 VOC 提供非常大的过滤面积。而且和挡尘墙一样，防护林也可以增加紊流和垂直方向扩散，这些都使产生恶臭的化合物被稀释得更快。防护林带的费用非常低廉，还能带来视觉享受。不过，防护林带更适合作为其他恶臭处理技术的辅助措施配合使用。

（四）日常管理

1. 畜禽舍选址

新建畜牧场在选择建厂地方时，要远离产生微粒较多的工厂，如水泥厂、磷肥厂等。

2. 畜牧场规划布局

应考虑产生微粒较多的饲料加工厂或饲料配制间的设置，饲料加工厂或饲料配制间要远离畜禽舍，并应设有防尘设施。

3. 加强日常的生产管理

尽量减少微粒的产生，清扫地面、分发饲料、翻动或更换垫草时，应趁畜禽不在舍内时进行，禁止在舍内进行刷拭畜禽体、干扫地面等活动。

4. 选择适当的饲料类型和喂料方法

一般来说，粉料易产生灰尘，而颗粒饲料产生灰尘较少；干料产生灰尘较多，而湿拌料不易产生灰尘。

5. 注意通风换气

保证舍内通风换气设备性能良好。

6. 绿化

改善畜舍和牧场周围地面状况，实行全面绿化，种草种树。

Ⅲ 畜禽舍内空气中微生物控制技术

一、选择和设计适宜的饲养场

场地址选择应经过考察论证。要求地势高燥，背风向阳，有一定缓坡，便于通风、采光和排水，能够保持场区内部小气候环境相对稳定。远离人口聚集地，靠近农田、菜地或林地，附近无屠宰场以及易造成"三废"污染的工厂。

距离公路、铁路、运输河道 1 000m 以上。场内建设要分区规划，禽舍布局设计符合卫生要求。人员、畜禽、材料、废弃物等运输应采取单一流向，不可交叉，防止污染和疫病扩散。

二、加强场区绿化，改善小气候环境

畜禽场周围通过植树绿化形成环绕场区的林木隔离带，同时在围墙内外设置防护网、防疫沟，形成屏障，净化畜禽场周围环境。

三、坚持通风换气和消毒制度，保障舍内空气持续清新

将经过过滤器的舍外空气送入，可以使舍内畜禽呼吸道疾病减少55%～70%。舍内清扫后，用清水冲洗，则舍内环境的细菌数量可以减少54%～60%，再用消毒药物实施空气喷雾，则细菌数量可减少90%以上。

四、采取"全进全出"的转群模式与生产工艺

根据不同生长发育阶段的特点和对饲养管理的不同要求，将所有畜禽分成不同类群，在工艺设计中按照存栏数与畜禽舍数制订出各类畜禽的饲养周期和消毒空舍时间，"一次装满"，"全进全出"。合理减少和避免饲喂干粉料、断续照明、加厚垫草、密集饲养等能够使舍内空气颗粒和细菌数量明显增多的生产环节，采用产生空气微生物少的先进工艺、材料和设备，完成饲养和操作过程。

五、有效清除排泄物与废弃物

畜禽排泄的粪便通过堆粪法等生物热处理过程，粪便温度高达70℃以上，能使大量非芽孢病原细菌、病毒、寄生虫卵等致病微生物污染的粪便变为无害，且不丧失肥料的应用价值。粪便通过高温干燥、青贮、化学和生物等方法处理后还可以作为饲料或进行厌氧发酵生产沼气来提供能源。

对于养禽场污水按照厌氧—好氧联合法进行处理，其中 COD、BOD_5、SS 清除率较高，最后采用氧化塘等作为最终出水利用单元，出水质量能够达到国家规定的排放标准。我国《畜禽养殖业污染防治技术规范》（HJ/T 81—2001）规定病死畜禽尸体处理应采用焚烧或填埋的方法。对于非病死家禽，堆肥是处置尸体经济价值较高的方法。

专题四
畜禽舍内环境卫生管理关键技术

专题提示

  畜禽舍是畜禽生产生活的主要场所，畜禽舍设计布置是否合理，饮水饲喂设备选用是否合适，排水排污系统是否完善，生产用具和生产人员管理是否得当，都将直接影响到畜禽的生产生活水平高低。因此，畜禽舍内良好的卫生环境是保持畜禽具有良好的体况和充分发挥潜在生产性能的先决条件。本章将围绕畜禽舍内环境卫生管理这一任务重点介绍畜禽舍设计与布置、饮水设备的选用、饲喂设备的选用、排水排污系统的设计、生产用具和人员的管理等内容。

I 舍内环境卫生管理

一、畜禽舍设计与布置

  1. 圈栏的布置

  根据工艺设计确定的每栋畜禽舍应容纳的畜禽占栏头（只）数、饲养工艺、设备选型、劳动定额、场地尺寸、结构形式、通风方式等，选择栏圈排列方式（单列、双列或多列）并进行圈栏布置。单列和多列布置使建筑跨度小，有利于自然采光、通风和减少梁、屋架等建筑结构尺寸，但在长度一定的情况下，单栋舍的容纳量有限，且不利于冬季保温。多列式布置使畜禽舍跨度大，可节约建筑用地，减少建筑外围护结构面积，利于保温隔热，但不利于自然通风和采光。南方炎热地区为了自然通风的需要，常采用小跨度畜禽舍，而北方寒冷地区为保温的需要，常采用大跨度畜禽舍。

2. 舍内通道的布置

舍内通道包括饲喂道、清粪道和横向通道。饲喂道和清粪道一般沿畜禽栏平行布置，两者不应混用；横向通道和前两者垂直布置，一般是在畜禽舍较长时为管理方便而设的。通道的宽度也是影响畜禽舍的跨度和长度的重要因素，为节省建筑面积，从而降低工程造价，在工艺允许的情况下，应尽量减少通道的数量。不同类型的畜禽舍，采用不同的饲喂方式（人工、机械、自动），其通道的宽度要求不同，详见表38。

表38　畜禽舍纵向通道宽度

舍别	用途	使用工具及操作特点	宽度(m)
牛舍	饲喂方式	用手工或推车饲喂精、粗、青饲料	1.2 ~ 1.4
	清粪及管理	用推车清粪，放奶桶，放洗乳房的水桶等	1.4 ~ 1.8
猪舍	饲喂方式	手推车喂料	1.0 ~ 1.2
	清粪及管理	清粪（幼猪舍窄，成年猪舍宽）、助产等	1.0 ~ 1.5
鸡舍	饲喂方式	用特制推车送料、用通用车盘捡蛋	笼养 0.8 ~ 0.9
	清粪及管理		平养 1.0 ~ 1.2

3. 排水系统的布置

畜禽舍一般沿畜禽栏布置方向设置粪尿沟以排出污水，宽度一般为0.3 ~ 0.5m，沟底坡度根据长度可设为0.5% ~ 2.0%（过长时可分段设坡），在沟的最低处设沟底地漏或侧壁地漏，通过地下管道排至舍内的沉淀池，然后经污水管排至舍外的检查井，通过场区的支管、干管排至粪污处理池。畜禽舍内的饲喂通道不靠近粪尿沟时，宜单独设0.1 ~ 0.15m宽的专用排水沟，排除清洗畜禽舍的水。值班室、饲料间、集乳室等附属用房也应设地漏和其他排水设施。

4. 附属用房和设施布置

畜禽舍一般在靠场区净道的一侧设值班室、饲料间等，有的幼畜禽舍需要设置热风炉房，有的畜禽舍在靠场区污道一侧设畜禽消毒间，在舍内挤奶的奶牛舍一般还设置真空泵、集乳间等。这些附属用房，应按其作用和要求设计其位置和尺寸。大跨度的畜禽舍，值班室和饲料间可分设在南、北相对位置；跨度较小时，可靠南侧并排布置。真空泵房、青贮饲料和块根饲料间、热风炉房等，可以突出设在畜禽舍北侧。

5. 畜禽舍平面尺寸设计

畜禽舍平面尺寸主要指跨度和长度。影响畜禽舍平面尺寸的因素有很多，如建筑形式、气候条件、设备尺寸、走道、畜禽饲养密度、饲养定额、建筑模数等。通常，需首先确定圈栏或笼具、畜床等主要设备的尺寸。如果设备是定额产品，可直接按排列方式计算其所占的总长度和跨度；如果是非定额设备，则需按每圈（笼）容畜禽头（只）数、畜禽占栏面积和采食宽度标准，确定其宽度（长度方向）和深度（跨度方向）。然后考虑通道、粪尿沟、食槽、附属房间等的设置，即可初步确定畜禽舍的跨度与长度。最后，根据建筑模数要求对跨度、长度做适当调整。

6. 水、暖、电、通风等设备布置

根据畜禽圈栏、饲喂通道、排水沟、粪尿沟、清粪通道、附属用房等的布置，分别进行水、暖、电、通风等设备工程设计。饮水器、用水龙头、冲水水箱、减压水箱等用水设备的位置，应按圈栏、粪尿沟、附属用房等的位置来设计，满足技术需要的前提下力求管线最短。照明灯具一般沿饲喂通道设置，产房的照明须方便接产；育雏伞、仔猪保温箱等电热设备的设计则需根据其安装位置、相应功率来安置插座，尽量缩短线路。通风设备的设置，应在通风量计算的基础上分析。

7. 门窗和各种预留孔洞的布置

畜禽舍大门可根据气候条件、圈栏布置及工作需要，设于畜禽舍两端山墙或南北纵墙上。西、北墙设门不利于与冬季防风，应设置缓冲用的门斗。宿舍大门、值班室门、圈栏门等的位置和尺寸，应根据畜禽种、用途等决定。窗的尺寸设计应根据采光、通风等要求经计算确定，并考虑其所在墙的承重情况和结构柱间距进行合理布置。除门窗洞外，上下水管道、穿墙电线、通风进出风口、排污水等，也应该按需要的尺寸和位置在平面设计时统一安排。

二、饮水设备的选用

在集约化畜禽饲养场中，对畜禽饮水设备的技术要求是，能根据畜禽需要自动供水；保证水不被污染；密封性好，不漏水，以免影响清粪等工作；工作可靠，使用寿命长。畜禽饮水设备包括自动饮水器及其附属设备。自动饮水器按结构原理可分水槽式、真空式、吊塔式、杯式、乳头式、鸭嘴式、吸管式等，按用途又可分鸡用、猪用、牛用、羊用和兔用等。猪用自动饮水器安装高度见表39。

表39 猪用自动饮水器安装高度（单位：cm）

猪的种类	鸭嘴式	杯式	乳头式
公猪	55～65	25～30	80～85
母猪	55～65	15～25	70～80
后备母猪	50～60	15～25	70～80
仔猪	15～25	10～15	25～30
保育猪	30～40	15～20	30～45
生长猪	45～55	15～25	50～60
育肥猪	55～60	15～25	70～80

1. 自动饮水槽

在机械化饲养场中，饮水槽（图66）只用于养鸡。饮水槽必须保持一定的水面，水槽断面为"U"形或"V"形，宽45～65cm，深40～48cm，水槽始端有一经常开放的水龙头，末端有一出水管和一流水管。当供水量超过用水量而使水面超过溢流水塞的上平面时，水就从其内孔流出，使水槽始终保持一定水面。清洗时需将溢流塞取出，放水冲洗。

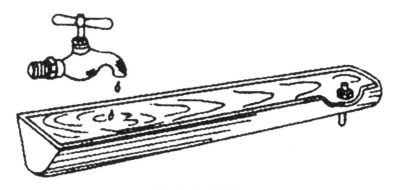

图 66　自动饮水槽

2. 真空式自动饮水器

真空式自动饮水器主要用于平养雏鸡。它的优点是结构简单、故障少、不妨碍鸡的活动；缺点是需人工定期加水，劳动量较大。

真空式饮水器常由聚氯乙烯塑料制，它由筒和盘组成，筒倒装在盘中部，并由销子定位，筒下部的壁上有若干小孔，和盘中部内槽壁上的孔相对。在两者配合之前先在筒内灌水，将盘扣在筒上定好位，再翻过来放置，此时水通过孔流入饮水器盘的环形槽内，当水面将孔盖住时，空气不能进入筒内，由于筒内上部一定程度的真空使水停止流出，因此可以保持盘内水面，当鸡饮用后环形槽内水面降低使孔露出水面时，由孔进入一定量空气，使水又能流入环形槽，直至水面又将孔盖住。

真空式饮水器圆筒容量为 1～3L，盘直径为 160～230mm，槽深 25～30mm，每个饮水器供 50～70 只雏鸡饮水。国产 9SZ－205 型真空式饮水器用于平养 0～4 周龄雏鸡，盛水量 2.5kg，水盘外径 230mm，水盘高 30mm，每只饮水器供 70 只雏鸡使用（图 67）。

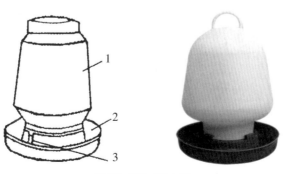

图 67　真空式饮水器

1. 水筒　2. 水盘　3. 出水孔

3. 吊塔式饮水器

吊塔式饮水器又称自流式饮水器（图68）。它的优点是不妨碍鸡的活动，工作可靠，不需人工加水，主要用于平养鸡舍，由于其尺寸相对较大，除了群饲鸡笼养时采用外，一般不用于单体笼养。

国产 9LS－260 型吊塔式饮水器的水槽盛水量为 1kg，水盘外径 260mm，水盘高 52mm，适用水压为 20～120kPa，适用于平养 2 周龄以上幼鸡和成年鸡，每只饮水器可供 30 只成年鸡使用。

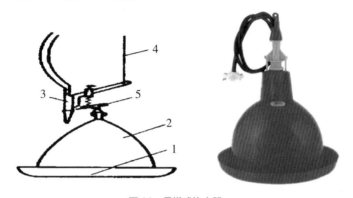

图68 吊塔式饮水器

1.饮水盘 2.锥形罩壳 3.供水软管 4.吊绳 5.弹簧阀门

4. 乳头式饮水器

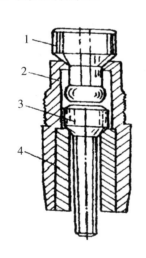

图69 乳头式饮水器

1.上阀芯 2.阀体 3.下阀芯 4.阀座

乳头式饮水器主要用于鸡和仔猪的饮水（图69），它的优点是有利于防疫，并可免除清洗工作，缺点是在鸡和猪饮水时容易漏水，造成水的浪费，使环境变湿和影响清粪作业，国产 9STR-3.4 型鸡用乳头式饮水器用于笼养鸡，

9STY-9 型猪用乳头式饮水器用于育肥猪和育成猪。

乳头式猪用自动饮水器的最大特点是结构简单，由壳体、顶杆和钢球三大件构成。猪饮水时，顶起顶杆，水从钢球、顶杆与壳体间隙流出至猪的口腔中；猪松嘴后，靠水压及钢球、顶杆的重力，钢球、顶杆落下与壳体密接，水停止流出。这种饮水器对泥沙等杂质有较强的通过能力，但密封性差，并要减压使用，否则，流水过急，不仅猪喝水困难，而且流水飞溅，浪费用水，弄湿猪栏。安装乳头式饮水器时，一般应使其与地面呈 45° ～ 75° 倾斜；离地高度，仔猪为 25 ～ 30cm，生长猪（3 ～ 6 月龄）为 50 ～ 60cm，成年猪 75 ～ 85cm。

5. 杯式饮水器

杯式饮水器是一种以盛水容器（水杯）为主体的单体式自动饮水器，常见的有浮子式、弹簧阀门式和水压阀杆式等类型（图 70）。

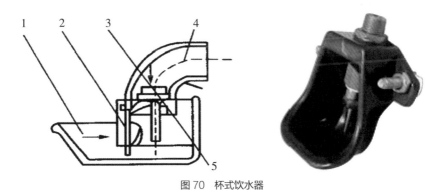

图 70　杯式饮水器

1. 水杯　2. 出水压板　3. 阀　4. 水管　5. 阀杆

浮子式饮水器多为双杯式，浮子室和控制装置放在两水杯之间。通常，一个双杯浮子式饮水器固定安装在两猪栏间的栅栏间壁处，供两栏猪共用。浮子式饮水器由壳体、浮子阀门机构、浮子室盖、连接管等组成。当猪饮水时，推动浮子使阀芯偏斜，水即流入杯中供猪饮用；当猪嘴离开时，阀杆靠回位弹簧弹力复位，停止供水。浮子有限制水位的作用，它随水位上升而上升，当水上升到一定高度，猪嘴就碰不到浮子了，阀门复位后停止供水，避免水过多流出。弹簧阀门式饮水器，水杯壳体一般为铸造件或由钢板冲压而成杯式。杯上销连有水杯盖。当猪饮水时，用嘴顶动压板，使弹簧阀打开，水便流入饮水杯内；当嘴离开压板，阀杆复位停止供水。水压阀杆式饮水器，靠水阀自重和水压作用控制出水的杯式猪饮水器，当猪饮水时，用嘴顶压压板，使阀杆偏斜，水即沿阀杆与阀座之间隙流进饮水杯内；饮水完毕，阀板自然下垂，阀杆恢复正常状态。

杯式饮水器的优点是在畜禽需饮水的时候才流入杯内，耗水少；缺点是阀门不严密时易溢水。杯式饮水器适用范围较广，不同的杯式饮水器可用于鸡、猪和牛，小尺寸杯式饮水器主要用于笼养鸡，大尺寸杯式饮水器主要用于牛。

6. 鸭嘴式饮水器

鸭嘴式饮水器主要由阀体、阀芯、密封圈、回位弹簧、塞盖、滤网等组成（图71）。其中阀体、阀芯选用黄铜和不锈钢材料，弹簧、滤网为不锈钢材料，塞盖用工程塑料制造。整体结构简单，耐腐蚀，工作可靠，不漏水，寿命长。鸭嘴式饮水器主要用于猪，鸭嘴饮水器安装高度与猪体重关系见表40。当猪要饮水时，咬动阀杆，使阀杆偏斜，不能封闭孔口，水从孔口流出，经器体尖端流入猪的口腔；猪饮水完毕后停止咬阀门，密封垫又重新封闭出水孔口。鸭嘴式饮水器的优点与乳头式饮水器相同，缺点是在猪饮水时易漏水。鸭嘴式猪用自动饮水器，一般的有大小两种规格，小型的如9SZY-2.5（流量2～3L/min），大型的如9SZY-3（流量3～4L/min），乳猪和保育仔猪用小型的，中猪和大猪用大型的。安装这种饮水器的角度有水平的和45°的两种，离地高度随猪体重变化而不同，饮水器要安装在远离猪休息区的地方。定期检查饮水器的工作状态，清除泥垢，调节和紧固螺钉，发现故障及时更换零件。

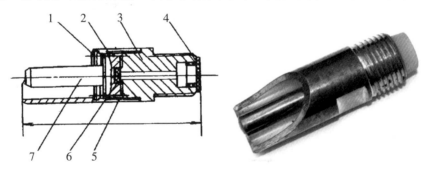

图71　鸭嘴式饮水器

1.卡簧　2.弹簧　3.饮水器　4.滤网　5.鸭嘴器　6.胶垫　7.阀杆

表40　鸭嘴式饮水器安装高度与猪体重关系

体重范围（kg）	饮水器安装高度（cm）	
	水平安装	45°倾斜安装
断奶离乳前	10	15

体重范围(kg)	饮水器安装高度(cm)	
	水平安装	45° 倾斜安装
5 ~ 15	15 ~ 35	30 ~ 45
5 ~ 20	25 ~ 40	30 ~ 50
7 ~ 15	30 ~ 35	35 ~ 45
7 ~ 20	30 ~ 40	30 ~ 50
7 ~ 25	30 ~ 45	35 ~ 55
15 ~ 30	35 ~ 45	45 ~ 55
15 ~ 30	35 ~ 55	45 ~ 65
20 ~ 50	40 ~ 55	50 ~ 65
25 ~ 50	45 ~ 55	55 ~ 65
25 ~ 100	45 ~ 65	55 ~ 75
50 ~ 100	55 ~ 65	65 ~ 75

7. 吸管式饮水器

吸管式饮水器主要用于猪，在澳大利亚用于所有的猪，在英国主要用于单栏饲养的妊娠母猪和哺乳母猪。

吸管式饮水系统，有统一的浮子水箱，以控制整个系统的水面高度，水箱中接出一直径为 42mm 或 50mm 的水管，横在单栏或分娩栏的上方，距饲槽底高 300 ~ 600mm，吸管直径为 16 ~ 21mm，长为 100 ~ 150mm，吸管在横管上呈 30° ~ 40°。浮子室控制的水面正好在吸管端部以下 12 ~ 18mm 处。猪可以利用吸吮来饮水，饮水时漏水很少，有少量水从猪嘴角漏下时沿吸管滑下直至圆形挡片并落于饲槽内。

8. 畜禽饮水系统

畜禽饮水系统由水管网、饮水器和附属设备等构成。有的系统如猪用和牛用饮水系统，附属设备只包括一些闸阀等，有的系统如鸡用杯式和乳头式饮水器，必须包括闸阀、过滤器、减压阀等。过滤器可过滤水中杂质，以保证饮水器中的阀门能闭合严密。减压阀用来调节水压，以保证饮水器有合适的工作水压。图72为乳头式饮水系统结构图。

供水设备包括水的提取、储存、调节、输送分配等部分，即水井提取、水塔储存和输送管道等。供水可分为自流式供水和压力供水。现代化猪场的供水一般都是压力供水，其供水系统主要包括供水管路、过滤器、减压阀、自动饮水器等。

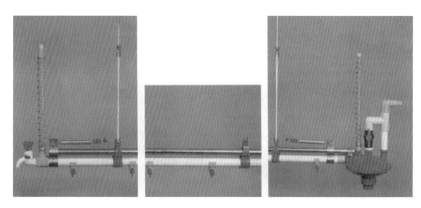

图72　乳头式饮水系统结构图

三、饲喂设备的选用

1. 饲喂器与饲料浪费

饲喂器尺寸的长短，其实体现了两种不同的设计思想，长饲槽是基于"如果饲喂器每次仅能容纳一头猪采食则会造成猪群其他猪挨饿"的观点，传统的思想往往将饲槽设计得很长。这种长饲槽造成的结果是猪在采食时一哄而上，加剧了来食时的激烈追逐和争抢，同时此种设计使猪整个躯体都可进入饲喂器，结果造成了大量的饲料浪费。为减少这种浪费，在长饲槽的中间设置了分隔挡板，但仍未能从根本上解决群体采食时的激烈争斗问题。短饲槽设计从猪的群体等级位次理论出发，在设计饲喂器时有意识地将猪群的采食在时间上进行强制分组，对应的饲槽尺寸往往仅够一两头猪同时采食。以期通过饲槽尺寸的缩短，强制将猪群的采食按群体等级位次进行分组定位。

影响猪采食量的环境因素很多，如热应激、冷应激、群体大小、精神反应、生理节奏、光周期、饲养制度、饲槽类型等。尽管已知饲槽设计可影响猪的采食量，合理的饲槽设计能减少猪个体间来食量的悬殊差异，但有关这方面的资料很少。当然，饲槽设计的某些方面如高度、形状、孔大小及与舍群因素的相互作用等都对饲料采食有影响。研究表明，使用不同种料槽，饲料采食量变化范围约在15%。与干料槽相比，使用简单的湿（干）料槽时，猪的采食量增加5%。

2. 猪场常用饲喂设备

（1）饲槽　较早的饲槽是一种宽310mm、高150mm、长600～2 000mm的饲槽（UFU55-102-1970），其材料据法国国家标准应用镀锌钢板。在我国，出于设备成本的考虑，许多猪场用相对廉价的混凝土浇筑了类似的饲槽（在尺寸上存在不同程度的差异）。饲喂时，一般由饲养员手工直接向饲槽加料。尽管设备资金投入低，但这类饲槽普遍存在饲料浪费大、饲喂效果差和人工强度大等缺点。猪的饲槽尺寸参考见表41。目前，猪场常见饲槽有间息添料饲槽、方形自动落料饲槽和圆形自动落料饲槽3种。

表41　猪的饲槽尺寸参考（单位：mm）

猪的种类	槽宽	槽长	槽高
公猪（独用）	350～450	500	200
空怀及妊娠前期母猪	350～400	350～400	180
妊娠及哺乳母猪	350～400	400～500	180
仔猪	200	200	100
育成猪	300～350	300～350	180
育肥猪	350～400	300～400	220

1）间息添料饲槽　条件较差的一般猪场采用。分为固定饲槽和移动饲槽。一般为水泥浇注固定饲槽。饲槽一般为长形，每头猪所占饲槽的长度应根据猪的种类、年龄而定。较为规范的养猪场都不采用移动饲槽。集约化、工厂化猪场，限位饲养的妊娠母猪或泌乳母猪，其固定饲槽为金属制品，固定在限位栏上，见限位产床、限位栏部分（图73）。

图 73　金属饲槽

　　2）方形自动落料饲槽　一般条件的猪场不用这种饲槽，它常见于集约化、工厂化的猪场。方形落料饲槽有单开式（图 74）和双开式（图 75）两种。单开式的一面固定在与走廊的隔栏或隔墙上；双开式则安放在两栏的隔栏或隔墙上，自动落料饲槽一般为镀锌铁皮制成，并以钢筋加固，否则极易损坏。方形自动落料饲槽主要结构参数见表 42。

图 74　单开式方形自动落料饲槽

图 75　双开式方形自动落料饲槽

表 42　方形自动落料饲槽主要结构参数如下（单位：mm）

类别		高度	前缘高度	最大宽度	采食间隔
双面	保育猪	700	120	520	150
	生长猪	800	150	650	200
	育肥猪	800	180	690	250
单面	保育猪	700	120	270	150
	生长猪	800	150	330	200
	育肥猪	800	180	350	250

3）圆形自动落料饲槽　圆形自动落料饲槽用不锈钢制成，较为坚固耐用，底盘也可用铸铁或水泥浇注，适用于高密度、大群体生长育肥猪舍见图76。

图76　圆形自动落料饲槽

（2）干料自动饲喂系统　干料自动饲喂系统具有灵活、可靠、操作管理方便、运行费用低等特点。根据专家设置系统饲喂的曲线，干料自动饲喂系统可以自动按生长速度调节饲料方，并可将不同配方和配料量的饲料准确地送往不同的猪栏，从而使猪场可以施行多阶段不同配方、配料量，达到精准饲喂以改善饲料转化率，并可以有效减少排泄物中氮和磷的含量。干料自动饲喂系统还具有其他一些优点，如在系统里设置的加药器，可将抗生素、维生素和某些粉状或颗粒状的饲料剂精确地加进饲料，治疗疾病，方便快捷。电脑系统存储的大量饲喂数据，可以随时打印出来，便于做统计分析，制订更佳的饲喂方案。

但是，适用于万头猪场的干料自动饲喂系统，即便是配套部分国产化设备，仅设备费用也需60多万元，这对经济实力较弱、猪粮比偏低的我国工厂化猪来说，也是难以普及的。

（3）干湿饲喂器 猪干湿饲喂器有以下特点：

1）集成料与水 该设备把猪的采食和饮水在空间位点上集成在一起，猪无须在采食过程中为饮水而做位移。而传统饲喂设备依自动饮水器常被设计安装在运动场内或猪栏的另一边，在采食过程中，猪需要饮水时，就不得不做饲喂器到饮水器之间的往返位移，从而增加了饲料浪费的可能，也多消耗了能量。

2）充分考虑采食行为

猪采食时常有拱食、前蹄跨入及争斗行为，而这些行为是引起采食时饲料大量浪费的主要原因。猪干湿饲喂器在饲槽形状、结构设计时充分考虑到了猪采食的不良行为，能使猪改变不良的来食行为，而达到减少饲料浪费的目的。

3）有利于合理群体分级，减少采食争斗 任何一个猪的群体，都存在着群体的位次关系，不同猪个体在群体中的位次顺序造成了采食时的争斗、抢食。猪干湿饲喂器在形状和结构方面的特定设计，使猪在采食时能以较小规模分组，使猪群的采食在时间上得以排序，从而减少了采食时的争斗，也减少了饲喂时饥饱不均现象。

（4）液态饲喂系统 近年来，国外的大量研究和生产实践表明，采汁液态饲料饲喂生长育肥猪，其适口性好，消化吸收率高，无粉尘，减少了猪的呼吸道疾病，还可充分利用各种饲料资源（如食品厂的下脚料、酒厂的酒糟等），降低成本；猪的生长速度快，饲料转化率提高5%～12%。

湿喂或饲喂粥状食物是增加采食量的有效方式。湿喂提高采食最可能是由于刚断奶仔猪尚未适应饲喂和饮水，而湿喂与哺乳方式相似；湿喂的另一益处是可以避免于饲料对肠壁的损害。液态自动饲喂系统结构较复杂，要求有较高的管理水平，而且设备费用高，适用于万头猪场的液态自动饲喂系统，其设备费用超过100万元，且用工大而难于很好利用。由于我国经济水平较低，劳动力便宜，所以到目前为止，饲料自动饲喂系统在我国工厂化猪场的应用还屈指可数。

（5）电子饲喂系统 电子饲喂系统采用计算机作为控制系统，在饲槽上方20～30mm处设计了感应器，感应器感应饲槽是否已空。如果已空，则马上出料，否则不出料,以强迫猪吃光饲槽中的饲料。另外,计算机和根据猪采食的时间节律,把每天的供给量按少量多次的方式饲喂(如每天 12～14 餐),这样就较好地符合了猪采食的时间节律。据估计,这种符合猪采食节律的饲喂方式每天至少多获得 50g 的增重。计算机还可通过一段时间的每栏的饲喂数据的积累及相应模型的建立,可以对猪群的健康加以示警,并改变相应的饲喂量。随着微电子技术及计算机技术的不断发展,可以预见,在不远的将来,将出现能实现个别饲喂及工程化饲喂的智能化程度更高的饲喂系统。

四、畜禽舍的排水与清粪

(一)畜禽舍排水、除粪系统的组成

合理设置畜舍的排水系统,及时地清除这些污物与污水,是防止舍内潮湿、保证良好的空气卫生状况和储积有效粪肥的重要措施。主要畜禽粪尿的产量及营养成分见表 43。

畜舍的排水除粪设施因家畜种类、畜舍结构、饲养管理方式的不同而有差别,但排水系统主要由畜床、排尿沟、降口、地下排水管及粪水池组成。

表 43　主要畜禽粪尿的产量及营养成分

种类	粪[kg/(只·d)]	尿[kg/(只·d)]	N(%)	P_2O_5(%)	K_2O(%)
育肥猪(大)	2.7	5.0	0.45	0.19	0.6
育肥猪(中)	2.3	3.5	0.45	0.19	0.6
育肥猪(小)	1.3	2.0	0.45	0.19	0.6
繁殖母猪	2.4	5.5	0.45	0.19	0.6
公猪	2.5	5.5	0.45	0.19	0.6
蛋鸡	0.15	–	1.63	1.54	0.85
肉用仔鸡	0.13	–	1.63	1.54	0.85
泌乳牛	40.0	20.0	0.34	0.16	0.4
成年牛	27.5	13.5	0.34	0.16	0.4

种类	粪[kg/(只·d)]	尿[kg/(只·d)]	N(%)	P$_2$O$_5$(%)	K$_2$O(%)
育成牛	15.0	7.5	0.34	0.16	0.4
犊牛	5.0	3.5	0.34	0.16	0.4
绵羊	1.13	1.0	0.65	0.49	0.24

1. 畜床

为了使粪尿流通无阻，无论哪一种畜床都必须有坡度。畜床趋向排尿沟的一侧，应保持2%～3%的相对坡度。这样的坡度，可使粪尿的液体部分很快地流入排尿沟内，固体部分则可人工清理。坡度必须适宜，坡度太小，不利于粪尿的流动；如果坡度太大，家畜的腹腔受的压力也大，特别对妊娠后期的家畜，容易引起流产。但因母猪在畜床上躺卧，并无固定方向，坡度大点并无妨碍，猪舍畜床坡度，可为3%～4%。所有畜床，必须坚固、不透水。

为了不断提高劳动生产率、节省人力，一些发达国家采用了漏缝地板作为畜床。在地板上留有很多缝隙，不铺垫草，家畜排泄的粪尿落在缝隙地板上，大部分从地板缝漏下，或被家畜踩入地沟，少量残粪用水冲洗干净。落入地板下的粪尿，可直接通过管道送出舍外储存或用车送到农田。漏缝地板清粪工效高，速度快，节省劳动力。

用于制作漏缝地板的建筑材料有水泥、木板、金属、玻璃钢、塑料、陶瓷，等。混凝土构件较为经济耐用、便于清洗消毒。塑料漏缝地板比金属制作的漏缝地板抗腐蚀，且易清洗。而木制漏缝地板不卫生而且易破损，使用年限较短。金属漏缝地板（图77）易遭腐蚀、生锈。水泥制的漏缝地板经久耐用，便于清洗消毒，比较合适，目前被广泛采用。

图 77　铸铁漏缝地板

混凝土漏缝地板常用于成年的猪舍和牛舍，一般由若干栅条组成一整体，每根栅条为倒置的梯形断面，内部的上、下各有一根加强钢筋。栅条尺寸：顶宽 100 ～ 125mm，高 100 ～ 150mm，底宽比顶宽小 25mm（图 78）。

图 78　混凝土漏缝地板

塑料漏缝地板（图 79）常用于产仔母猪舍和仔猪舍，它体轻价廉，但易引起家畜的滑跌。漏缝地板可用各种材料制成。在美国，木制漏缝地板占 50％，水泥制的地板占 32％，用金属制的地板占 18％。

图 79　塑料漏缝地板

漏缝地板的缝隙，因家畜种类不同而变化；即使同一种家畜，因体重不同，缝隙也不一样。总的要求是粪便易于踩下，主要畜禽所需漏缝地板规格见表44。

表44　几种畜禽的漏缝地板尺寸（单位：mm）

畜禽种类		缝隙宽	板条宽	备注
牛	10d 至 4 月龄	25～30	50	板条横断面为上宽下窄梯形，而缝隙是下宽上窄梯形；表中缝隙及板条宽度均指上宽，畜舍地面可分全漏缝或部分漏缝地板
	4～8 月龄	35～40	80～100	
	9 月龄以上	40～45	100～150	
猪	哺乳仔猪	10	40	
	育成猪	12	40～70	
	中猪	20	70～100	
	育肥猪	25	70～100	
	种猪	25	70～100	
羊		18～20	30～50	板条厚 25mm，距地面高 0.6m。板条占舍内地面的 2/3，另 1/3 铺垫草
种鸡		25	40	

畜栏可以全部安装漏缝地板，也可在排粪的局部安装漏缝地板。美国曾经用全水泥地面、局部漏缝地板、全部漏缝地板 3 种不同的地面养猪。全水泥地面每天清除粪便和垫草为 24min，局部漏缝地板为 5min，全漏缝地板为 3min。可见，漏缝地板不但可以大大提高劳动生产效率，而且又可快速地将舍内粪尿清理出去。目前仍认为漏缝地板是一种较好的排水、清粪尿的措施。牛、猪均可用漏缝地板，高床网上养鸡，粪便通过网眼落在地坑里，然后用刮粪板除掉，这也是漏缝地板的另一种形式。

2. 排尿沟

排尿沟是用于排出从畜床流出来的粪尿和污水。尿沟设在畜床地面的一侧。

对头式畜舍尿沟位于除粪道，对尾式畜舍尿沟位于中央通道的两侧。猪舍的尿沟多设于中央。漏缝地板设有尿沟或在地板下面有粪坑。

排尿沟一般用水泥砌成，内面光滑不透水。尿沟底部要平整，应向降口方向保持1%～1.5%的相对坡度。尿沟不宜太深，尿沟太深，易使家畜发生外伤和蹄病。牛舍尿沟深度不超过20cm，马舍为12cm，猪舍为10cm。尿沟的宽度：牛舍为30～40cm，猪舍为13～15cm，马舍为20cm。排尿沟的形状为方形或半圆形。前者适用于乳牛舍，后者适用于马舍。犊牛舍与猪舍则两种形状的尿沟均适用。在尿沟一定的间隔要安设排降口，又叫地漏、尿井。在降口上面要覆盖铁箅子，防止降口被堵塞。尿沟的形式很多（图80），根据家畜种类的不同，可以适当选择。

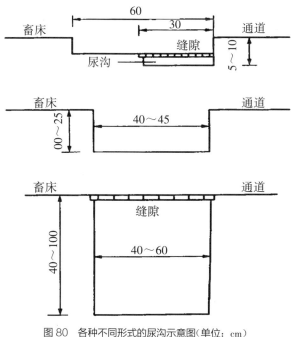

图80　各种不同形式的尿沟示意图（单位：cm）

3. 降口及水封

降口是排尿沟与地下排水管的衔接部分（图81）。降口设在尿沟的最深处，通常位于畜舍的中段。降口是个方形的地下坑，其尺寸一般为20cm×20cm、30cm×30cm，深度没有明确规定。降口的作用是使从畜床流入降口的粪尿临时沉淀，以防止固体堵塞地下排水管，粪污中的液体部分再通过水封和地下排水管流走。

水封设在降口内，是用水的自然压力，防止地下排水管内发酵的有害气体逆流到舍内而设置的封闭装置。

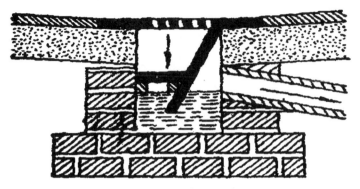

图81　降口

4. 地下排水管

地下排水管（图82）与排尿沟呈垂直方向，用于将降口流入的尿液及污水导入畜舍外的粪水池中。为了便于尿液流动，通向粪水池的地下排水管应有3%～5%的坡度。如果只接受尿水，排水管可以细些；如粪尿同时通过排水管道，排出管必须加粗。有时也可加压力泵，使粪尿加速流动。对寒冷地区的地下排水管必须采取防冻措施，以免管中污水结冰。

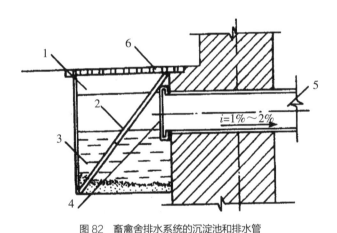

图82　畜禽舍排水系统的沉淀池和排水管

1.通长地沟　2.铁板水封　3.沉淀池　4.可更换的铁网　5.排水管
6.通长铁箅子或沟盖板

5. 粪水池

粪水池是指蓄积畜禽舍粪尿（液）的场所。粪水池应设在远离畜禽舍的粪污处理区。粪水池应远离饮水井500m以上。粪水池要求不渗、不漏，以免污染地下水源。粪水池容积一般应按储积20～30d粪水的能力设计。

124

（二）畜禽舍粪污清除的工艺

1. 机械清除

当粪便与垫料混合或粪尿分离时，粪便若呈半固体状态，就可用机械的方法清除。清粪机械包括人力小推车、电动或机动铲车、地上轨道车、单轨吊罐、牵引刮板和往复刮粪板装置。

（1）人工清粪　人工清扫粪便，用手推车将粪便运输到储粪场。这种方法不需很大投资，但效率低，劳动强度大。

（2）输送器式清粪设备　有刮板式、螺旋式和传送带式3种。其中刮板式清粪设备是最早出现的一种，且形式也最多，以适应各种不同情况，常见的输送器式清粪设备有：拖拉机悬挂式刮板清粪机、往复刮板式清粪机、输送带式清粪机和螺旋式清粪机。

（3）自落积存式清粪设备　自落积存式除粪是通过畜禽的践踏，使畜禽粪便通过缝隙地板进入粪坑。自落积存式除粪设备可用于鸡、猪、牛等各种畜禽，应用比较广泛。所用设备包括漏缝地板、舍内粪坑和铲车。舍内粪坑位于漏缝地板或笼组的下面。舍内粪坑可分地上和地下两种。

舍内地上粪坑用于鸡的高床笼养，鸡笼组距地面 1.7～2.0m，在鸡笼组与地面之间形成了一个大容量粪坑，坑内粪便在每年更换鸡群时清理一次。依靠通风使鸡粪干燥。除将排风机安于笼组下的侧墙上以外，还设有循环风机，促使鸡粪的水分蒸发。每年清理的鸡粪常做固态粪处理，一般在鸡舍两端有通往粪坑的门，以便装载机进入清理粪便。高床笼养必须严格控制饮水器的漏水。

舍内地下粪坑常用于猪舍和牛舍，坑由混凝土砌成，上盖漏缝地板。为支撑漏缝地板常有一定数量的砖或混凝土的柱子。粪坑储存一批粪便的时间为 4～6 月。坑的深度：猪舍为 1.5～2.0m，牛舍为 2～3m。粪坑侧面的若干点设有卸粪坑，上有盖板，卸粪坑与储粪坑相通，卸粪坑底比储粪坑底深 450mm 左右，用来卸出储粪坑内的粪。

（4）自动刮板干清粪

1）系统组成　机械刮板清粪系统主要由动力、控制和机械三部分组成（图83）。动力部分是指驱动单元；控制部分包含一个操作面板和一个调频器；机械部分包含所有镀锌钢铁制品，如刮粪板、转角轮、倾倒盖和传动链条（或钢索、尼龙绳等）。一个驱动单元通过传动链条带动刮粪板形成一个闭合环路。环路四周有转角轮定位、变向，能实现单向或双向清粪。

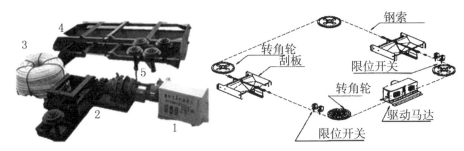

图83　自动刮板干清粪组成与结构

1.控制箱　2.动力单元　3.牵引钢索或牵引绳　4.刮粪板　5.转角轮

2）自动刮板干清粪系统设计要点（以猪舍为例）

a. 做好猪舍设计，预留好粪沟位置。机械刮板干清粪猪舍，其设计方案与水冲、水泡粪猪舍类似，猪舍圈栏内均采用漏粪地板排粪系统，所不同的是水冲、水泡粪猪舍舍内漏粪地板下的粪沟不需要刮板，而机械刮板清粪系统下的粪沟需要安装刮粪板。机械刮板清粪猪舍的粪沟宽度，根据养殖规模与猪舍规格一般可设计为 0.8 ～ 2.8m，粪沟深度一般为 0.5 ～ 0.6m。

b. 合理设计粪沟。机械刮板干清粪猪舍的粪沟宜设计成"V"字形，即粪沟的两边稍高，中间稍低，一般由粪沟两边坡向中间的相对坡度为 10%（图84）。

图84　建设中的猪舍机械刮板干清粪粪沟

粪沟数量可根据场地尺寸进行确定，一般一套动力系统可以驱动 2 个或 4 个刮板，当驱动 4 个刮板时，粪沟长度不应超过 30m。猪舍粪沟纵向上的坡度为 1%。猪舍粪沟要求使用 10cm 的垫层做成水泥面，水泥面必须平整光滑，并保证粪道各方向坡度准确。

c. 预埋好排尿管道。猪舍排尿管道设置在每一道粪沟的正中间（图78），应选用强度高、不吸水、不渗水、不变性、不变形、性能稳定的硬质 PVC、铸铁等材料制成（图85），其直径（内径）一般为 100mm，采用管托并结合水泥进行固定。排尿管道的主要作用是收集猪尿液与舍内污水，并排出舍外。需要注意的是采用机械刮板干清粪的猪舍在设计时，固体粪便刮出的方向与猪尿液等液体污物流出的方向是相反的，以利于固液彻底分离，方便后续处理。

图85　硬质 PVC 猪舍机械刮板干清粪排尿管道

d. 转角轮与动力主机安装位置。转角轮要安装在粪道两头中间位置（图86，图87），比排尿管道底面高出 20cm，动力主机应安装在两条粪道中间位置，比排尿管道底面高出 20cm。

图86　转角轮

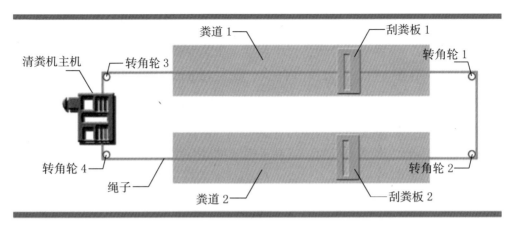

图 87 猪舍机械刮板干清粪系统安装

3）机械刮板干清粪系统优点　①猪舍采用机械刮板干清粪系统可使猪舍清粪实现限时的固液分离，减少猪舍排出污水的 COD 浓度，降低粪污后期处理的难度与成本。②猪舍采用机械刮板干清粪系统可使猪舍实现排泄物即时清理，减少猪舍氨气和细菌滋生，改善猪舍环境卫生情况。③猪舍采用机械刮板干清粪系统可实现无人化管理，减少人工，降低劳动力成本。

采用机械清粪时，为使粪尿与生产的污水分离，通常在畜舍内设置污水排出系统，液态物经排水系统流入粪水池，固形物经机械运输至农田或堆粪场。机械清粪方法的优点是产生的污物数量少，体积小，便于运输。

2. 自流式清粪

自流式清粪是在漏缝地板下设沟，沟内粪尿定期或连续地流入室外储粪池。自流式清粪设备常用于猪舍和牛舍（图 88）。

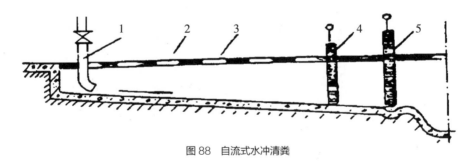

图 88　自流式水冲清粪

1. 冲洗水管　2. 粪沟　3. 缝隙地板　4. 挡板闸门　5. 防风闸门

采用自流式清粪设备时，家畜在新进入畜舍以前，纵向沟内应加入 0.15m 的水，以形成润滑层，同时舍内不能使用垫草。

3. 水冲清粪

对于液态或半固态粪便，利用水冲，使粪便离开畜舍的方式称为水冲清粪。水冲清粪多不使用垫草，畜床采用漏缝地板。

水冲清粪是以较大的水流同时流过一带坡度的浅沟或通道，将家畜粪便冲入储粪坑或其他设施的过程。冲粪用的水也可以为经过生物处理后的回收使用。水冲式清粪设备主要用于各种猪舍和牛舍，鸡舍较少使用。

水冲式清粪的优点是设备较简单，省工、省时，工作效率高；故障少，工作可靠，缺点是由于采用漏缝地板水冲清粪方式，舍内潮湿，不利于病原菌的清除；同时耗水，污水和稀粪量大，处理工艺复杂，设备投资大；粪水的处理和利用困难，容易导致环境污染。

II 生产用具卫生管理

一、生产用具清理程序

移走动物并清除地面和裂缝中的垫料后，将杀虫剂直接喷洒于舍内各处。彻底清理更衣室、卫生隔离栏栅和其他与畜禽舍相关场所；彻底清理饲料输送装置、料槽、饲料储器和运输器以及称重设备。将在畜禽舍内无法清洁的设备拆卸至临时场地进行清洗，并确保其清洗后的排放物远离畜禽舍；将废弃的垫料移至畜禽场外，如需存放在场内，则应尽快严密地盖好以防被昆虫利用并转移至临近畜禽舍。取出屋顶电扇以便更好地清理其插座和转轴。在墙上安装的风扇则可直接清理，但应能有效地清除污物；干燥地清理难以触及进气阀门的内外表面及其转轴，特别是积有更多灰尘的外层。对不能用水来清洁的设备，应干拭后加盖塑料防护层。清除在清理过程并干燥后的畜禽舍中所残留粪便和其他有机物。将饮水系统排空、冲洗后，灌满清洁剂并浸泡适当的时间后再清洗。

就水泥地板而言，用清洁剂溶液浸泡 3h 以上，再用高压水枪冲洗。应特别注意冲洗不同材料的连接点和墙与屋顶的接缝，使消毒液能有效地深入其内部。饲喂系统和饮水系统也同样用泡沫清洁剂浸泡 30min 后再冲洗。在应用高压水枪时，出水量应足以迅速冲掉这些泡沫及污物，但注意不要把污物溅到清洁过的表面上。泡沫清洁剂能更好地私附在天花板、风扇转轴和墙壁的表面，浸泡约 30min 后，用水冲下。由上往下，用可四周转动的喷头冲洗屋顶和转轴，用平直的喷头冲洗墙壁。

清理供热装置的内部，以免当畜禽舍再次升温时，蒸干的污物碎片被吹入干净的房舍；注意水管、电线和灯管的清理。以同样的方式清洁和消毒畜禽舍的每个房间，包括死畜禽储藏室；清除地板上残留的水渍。

检查所有清洁过的房屋和设备，看是否有污物残留。清洗和消毒错漏过的设备。重新安装好畜禽舍内设备包括通风设备。关闭房舍，给需要处理的物体（如进气口）表面加盖好可移动的防护层。清洗工作服和靴子。

二、饮水系统的清洁与消毒

1. 封闭的乳头或杯形饮水系统

先高压冲洗，再将清洁液灌满整个系统，并通过闻每个连接点的化学药液气味或测定其 pH 来确认是否被充满。浸泡 24h 以上，充分发挥化学药液的作用后，排空系统，并用净水彻底冲洗。

2. 开放的圆形和杯形饮水系统

用清洁液浸泡 2～6h，将钙化物溶解后再冲洗干净，如果钙质过多，则必须刷洗。将带乳头的管道灌满消毒药，浸泡一定时间后冲洗干净并检查是否残留有消毒药；而开放的部分则可在浸泡消毒液后冲洗干净。

三、生产用具的使用卫生

畜禽舍内的生产用具主要包括畜禽舍的除粪（包括铁锹、清粪车、刮粪机等）、饲喂（包括料车、料槽、投料设备）、饮水（包括水槽、饮水系统等）等。对于这些生产用具的卫生管理要做到以下几点：

要求专舍专用，不能串用、乱用，爱惜使用，经常维护和维修。生产用器具使用完毕后要及时清洗保洁，消毒后统一储存。

每天饲喂结束后，对料槽和水槽内的剩余饲料和脏污做一次彻底的清理，以防残留在槽内发霉腐败，被畜禽采食而引起疾病。

保证每天要清洗料槽和水槽等饲养用具一次以上，高温季节还要用 0.5% 高锰酸钾溶液进行清洗。每周要进行一次彻底的清洗和消毒。

饲料加工搅拌机械和自动投料设备要定期清理残留的饲料残渣，防止发霉，同时要加强这些设备的保养与维修。

定期清洁刮粪机和运送粪便的小推车，并且要经常消毒。

Ⅲ 畜禽体卫生管理

一、刷拭

饲养人员要经常观察畜禽群，发现畜禽体脏污时应及时清理，保持畜禽体清洁，但畜禽体刷拭不能在舍内进行。刷拭的顺序是由前到后，自上而下，一刷紧接着一刷，不要疏漏。刷拭的顺序是先逆毛刷，后顺毛刷，不允许用铁刷直接刮畜禽体（图89）。家畜的尻部、乳房容易受到粪便的污染，每天应用温水及毛刷进行梳理清洁。一般畜禽要定期刷拭，但奶牛应坚持每天刷拭。奶牛的刷拭方法为：饲养员先站左侧用毛刷由颈部开始，从前向后，从上到下依次刷拭，中后躯刷完后再刷头部、四肢和尾部，然后再刷右侧，每次3～5min。刷拭宜在挤奶前30min进行，否则由于尘土飞扬污染牛奶。刷下的牛毛应收集起来，以免牛舔食，而影响牛的消化。

图89 刷拭牛体

二、修蹄

饲养奶牛要做好修蹄的工作。在舍饲条件下奶牛活动量小，蹄子长得快，易于引起肢蹄病或肢蹄患病引起关节炎，而且奶牛长肢蹄会划破乳房，造成乳房损伤及其他感染疾病（特别是围产前后期）。因此，经常保持蹄壁周围及蹄叉清洁无污物。修蹄一般在每年春、秋两季定期进行。平时应该做到经常刷洗蹄子，保持清洁卫生（图90）。

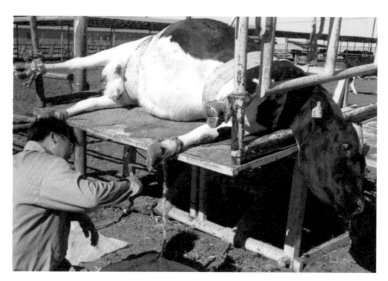

图90　修蹄

三、铺垫褥草

为了保温和舒适，一般会在畜床上铺垫褥草。畜床上应铺碎而柔软的褥草如麦秸、稻草等，并每天进行铺换（图91）。为保持畜禽体卫生还应清洗乳房和畜禽体上的粪便污垢，夏天每天应进行一次水浴或淋浴。

图91　畜禽舍铺垫褥草

四、驱虫和药浴

每年春、秋季各进行一次畜禽体表驱虫，对肝片吸虫病多发的地区，每年可进行3次驱虫，绵羊等家畜应进行药浴（图92）。

图92 药浴

IV 人员卫生管理

除去做好畜禽舍内结构设施、生产用具、畜禽体的卫生管理外，饲养人员的卫生管理也不容忽视。由于饲养人员要每天多次出入畜禽舍，经常接触畜禽设施、生产用具和畜禽体，一旦饲养人员的卫生不好，极有可能造成疾病的传染和疫病的传播。对于饲养人员的卫生管理主要包括以下几点：

第一，饲养员的工作服、工作帽等应经常清洗、消毒，生产操作时必须穿戴好工作服、工作帽。

第二，患病人员不得从事饲草饲料收购、加工、饲喂等工作。

第三，畜禽对突然的噪声较为敏感，严重时会发生惊群、早产、流产等症状，因而，饲养人员工作时应尽量保持安静，不要用力摔打生产用具，不要大声喧哗。

某养殖场清洁卫生管理制度

第1章　总则

第1条　本公司为维护员工健康及工作场所环境卫生，塑造公司形象，特制定本制度。

第2条　凡本公司清洁工事宜，除另有规定外，皆依本制度实行。

第3条　凡本公司清洁工事宜，全体人员须一律遵行。

第4条　凡新进入员工，必须了解清洁卫生的重要性与必要的清洁卫生知识。

第2章　清洁卫生要求

第5条　总体要求。

(1)各工作场所内，均须保持整洁，不得堆放垃圾或碎屑。

(2)各工作场所内的走道及阶梯，至少每天清扫一次，并采用适当方法减少灰尘的飞扬。

(3)各工作场所内，严禁随地吐痰。

(4)饮用水必须清洁。

(5)洗手间(更衣室)及其他卫生设施，必须保持清洁。

(6)排水沟应经常清除污秽，保持清洁畅通。

(7)凡可能寄生传染菌的原料，应于使用前适当消毒。

(8)凡可能产生有碍卫生的气体、灰尘、粉末，应做如下处理：①采用适当方法减少有害物质的产生。②使用密闭器具以防止有害物质的散发。③在产生此项有害物的最近处，按其性质分别做凝结、沉淀、吸引或排除等处理。

(9)各工作场所的窗户及照明器具的透光部分，均须保持清洁。

(10)食堂及厨房的一切用具，均须保持清洁卫生。

(11)垃圾、废弃物、污物的清除，应符合卫生要求，放置于指定的范围内。

第6条　保洁人员工作要求。

(1)安排保洁时间先于工作时间，保洁工作在上班前完成，不能影响公司员工正常工作。

(2)保洁员出入公司各个场所，严禁发生偷窃行为。

(3)按照保洁时间表做好日常保洁工作。

(4)保洁员请假要事先申请并获准后才予以离开，否则不洁责任由其承担。

(5)保洁员与员工礼貌相待，互相尊重。

第7条　员工清洁卫生要求

（1）公司员工尊重保洁员的辛勤劳动，不得有侮辱之行为、言论。

（2）公司员工须圆满完成包干区域的清洁卫生。

（3）不乱倒饭、菜、茶渣，防止堵塞管道，污浊外流。

（4）不要在厕所乱扔手纸、杂物。

（5）不随地吐痰，不在办公室吸烟。

（6）员工自身整洁干净。

（7）积极完成卫生值日工作。

（8）积极参加突击性卫生清除工作。

第3章　办公环境清洁卫生管理

第8条　办公环境是公司员工进行日常工作的区域，办公区内办公桌、文件柜由使用人负责日常的卫生清理和管理工作，其他区域由物业保洁人员负责打扫，行政部负责检查监督办公区环境卫生。

第9条　办公区域内的办公家具及有关设备不得私自挪动，办公家具确因工作需要挪动时必须经行政部的同意，并做统筹安排。

第10条　办公区域内应保持安静，不得喧哗，不准在办公区域内吸烟和就餐；办公区域内不得摆放杂物。

第11条　非本公司人员进入办公区，须由前台人员引见，并通知相关人员前来迎接。

第12条　行政部负责组织相关人员在每周五对办公区域的卫生和秩序进行检查，并于下周一例会上公布检查结果。其检查结果作为部门绩效考核的参考因素之一。

第4章　公共区域清洁卫生管理

第13条　公共区域的环境卫生是指清洁走道、电梯间、楼层服务台、工作间、消毒间、楼梯等。

第14条　走廊卫生工作包括走廊地毯、走廊地面和走廊两侧的防火器材、报警器等。

第15条　电梯间是客人等候电梯的场所，也是客人接触楼面的第一场所，必须保持清洁、明亮。

第16条　楼层服务台卫生是一个楼层各种工作好坏的外在表现，必须保持服务台面的整洁，整理好各种用具，并保持整个服务台周围的清洁整齐。

第17条　工作间是物品存放的地方，各种物品要分类摆放，保持整齐、安全。

第18条　防火楼梯要保持畅通且干净。

第19条　消毒间是楼层服务员刷洗各种玻璃和器皿的地方，这里的卫生工作包括地面卫生、箱橱卫生和池内外卫生以及热水器擦拭等。

第5章　更衣室清洁

第20条　清洁地面，包括扫地、拖地、擦抹墙脚、清洁卫生死角。

第21条　清洗浴室，包括擦洗地面的墙身（特别是砖缝位置），清洁门、墙和洗手池。

第22条　清洁员工洗手间。

第23条　清洗衣柜的柜顶、柜身。

第24条　清洁室内卫生，包括用抹布清洗窗台、消防栓、消防箱及器材，打扫天花板，清洁空调出风口，倾倒垃圾等工作。

第6章　卫生间清洁

第25条　卫生间清洗工作应自上而下进行。

第26条　水中要放入一定量的清洁剂。

第27条　随时清除垃圾杂物。

第28条　用除渍剂除地胶垫和下水道口，清洁缸圈上的污垢和渍垢。

第29条　保持镜面的清洁。

第30条　用清水洗净箱，并用专用的抹布擦干。烟缸上如有污渍，可用海绵块蘸少许除污剂清洁。

第31条　用中性清洗剂清洁厕水箱、座沿盖子及外侧底座等。

第32条　用座厕刷清洗座厕内部并用清水冲净，确保座面四周清洁无污物。

第7章　附则

第33条　本制度由行政部解释、补充，经公司总经理批准颁行。

专题五
动物福利环境管理关键技术

专题提示

伴着畜牧业的日益商品现代化，驯养畜禽的环境越来越偏离自然，无窗畜禽舍中的畜禽失去了自然光，缝隙地板问世后，垫草的使用大大减少，畜禽的生理机能与本能都面临人类追求高度生产要求的挑战，畜禽环境应激与畜禽康乐问题也逐渐显露出来。应适应畜禽的心理欲求，考虑畜禽的需要，为现代畜牧业者提供优良的畜禽饲养管理技术。

一、养殖模式与畜禽行为

1. 饲养方式与畜禽福利

（1）放牧与散养　这种自古以来就比较普遍的管理方式，给畜禽以自由运动的机会最多，能获取阳光，沐浴新鲜空气，最有可能实现动物行为的自然表达，见图93。它的缺点是无法使畜禽避免外界环境的温差变化与野生肉食动物的影响，另外饲喂料水都不方便。畜禽的自由散放式饲养更加导致了感染寄生虫疾病的危险，例如，猪为了蒸发散热喜欢泥浴导致体表不洁，从而影响到产品质量。而且，自由放牧与环境保护的目标相冲突，大规模的动物群体会增加土壤中氮与磷的富集，还污染水体。所以，健康、安全与环保是放牧管理的要点。

图93　天然放牧

（2）集约化饲养　蛋鸡笼养、猪的圈养和牛的拴系饲养的出现，使中小畜禽场的管理从运动场向有运动场的舍饲向封闭式舍饲转化。在生产效益上看是先进的，不过在问题的本质上，集约化生产方式很不合理，因为动物福利就是要求生产的合理性，恰恰不是所认为的"先进性"。

例如，蛋鸡的笼养方式，极大地限制了蛋鸡自身的行动与自由，蛋鸡在笼中不能正常地舒展或拍打翅膀，不能啄理自己的羽毛，不能转身，再加上长期不能运动，致使蛋鸡的骨骼非常脆弱。近些年，全世界各个国家愈重视动物生产中畜禽的福利问题，有些国家制定严格的法规来限制生产条件。比如在德国、奥地利等国家，完全禁止蛋鸡被笼养，散放方式成为蛋鸡饲养的主流。可是这种"散养"和以往的散养在生产规模与科技含量等方面存在着本质的区别，即散养但不粗放，此种饲养方式固然在料蛋比转换方面不如笼养蛋鸡，可在其余每一方面都基本消除了从业者面临的各种问题。

又例如，现代规模化猪场主要使用围栏饲养和定位饲养工艺模式，此种工艺模式常采用限位、拴系、围栏和缝隙地板等设施，猪的饲养环境相对落后甚至恶劣，活动自由受到限制，导致猪受到极大的心理压抑，而以一些异常的行为方式（如咬尾、咬栅栏、空嚼、异食癖、一些不变的重复运动、自我摧残行为等）加以宣泄，致使猪生产力降低，生长缓慢、料肉比降低，机体对疾病的抵抗力下降、肉品质降低等，甚至致猪死亡，见图94。

图94 笼养蛋鸡、规模化猪场

2. 饲养密度和畜禽福利

饲养空间和饲养密度是影响动物福利非常重要的因素。目前舍饲畜禽工艺都是高密度圈栏饲养，此饲养工艺有助于生产管理，在一定程度上也提高了畜禽舍利用率与生产效率，可饲养密度高对畜禽福利产生诸多不利影响。

（1）畜禽舍的空气环境恶化　炎热的夏季，饲养密度高会使畜禽舍极易形成高温高湿的环境，加剧了高温对畜禽的不利影响，增加了防暑降温的难度，见图95；冬季则潮湿污浊，病原微生物增多，导致畜禽发病率高。高密度的饲养不但影响到畜禽舍的温度、湿度，还由于通风效果受到影响，再加上畜禽的呼吸量与排粪量很大，导致畜禽舍有害气体与尘埃、微生物的含量增多，从而使畜禽的呼吸道疾病发病概率增大。

图95 炎热夏季饲养密度高造成热应激

（2）影响畜禽的采食与饮水　饲养密度高的条件下，畜禽在采食与饮水时，因为采食空间不足，极易导致争抢和争斗，位次较低的畜禽就有被挤开的危险，所以这些畜禽的采食时间就要比其他的少，导致采食不均，身体强壮者采食多，致使饲料利用率降低，身体弱者采食不足，生产力下降，见图96。

图96　饲养密度过大

（3）限制畜禽自然行为的表达　饲养密度影响畜禽的排便、活动、休息、咬斗等行为，进而影响到畜禽的健康与生产力。因为过高的饲养密度，致使畜禽无法按自然天性进行生活与生产，自然状态下生活的畜禽可以自然将生存划分为采食区、躺卧区与排泄区等不同的功能区，从来不会在其采食与躺卧的区域进行排泄，然而高密度的饲养模式，再加上圈栏较小，使处于该饲养环境中畜禽的定点排粪行为发生紊乱，致使圈栏内卫生条件较差，畜禽和粪尿接触机会增多，进而影响畜禽的生产性能与身体健康，见图97。

图97　圈栏饲养

3. 环境丰富度和畜禽福利

（1）圈栏或笼养使畜禽失去了表达天性行为的机会　因为圈栏或笼养除必要的生产设施设备，见图98，比如料槽、饮水器等，栏内环境缺乏多样性，饲养环境落后、单调，能使畜禽表现天性行为的福利性设施、设备都没有，是畜禽的自然天性行为诸如啃咬、拱土、刨食、觅食等行为受到极大抑制，因此，对畜禽的行为需要产生了不利影响，见图99。

图98　圈栏饲养、笼养

图99　咬尾、叨肛

（2）圈养或笼养使畜禽产生异常行为与恶癖　因为可得到的环境刺激单一，导致畜禽心理上需要以一些异常的行为方式加以宣泄，将探究行为转向同伴，出现了许多对同伴的咬尾、咬耳、拱腹、叨肛、啄羽等有害的异常行为，由此对畜禽的生产性能与身体健康造成不良的影响。

（3）畜禽对环境的敏感度增大　饲养在落后环境中的畜禽比饲养在优良环境中的畜禽对应急刺激的反应要敏感，对人的敏感度也高。如突然的声音，陌生人员与动物都能使畜禽产生应激反应，从而导致生产力急剧下降，因为没有任何事物可以分散这种单调环境下的畜禽对周围环境的注意力，所以对生产环境与工作人员要求都很高，比如畜禽饲养人员必须穿戴工作服（图100）。

图100 饲养员穿戴工作服

4. 畜禽行为

（1）与畜禽舒适程度有关的行为特征　主要包括：寻找适当的刺激（如同伴）、增加兴奋与沮丧、攻击性增大、转移行为、规癖行为与真空行为的增加、惰性增加、习得性无助与嗜睡症等。

（2）与畜禽的身体健康有关的行为特征　主要包括：寻找需要像水、食物这样的资源。增加可用资源的竞争度、增加兴奋与沮丧、攻击性增大、转移行为、规癖行为与真空行为的增加、惰性增加、习得性无助、身体极度虚弱、极易感染疾病、嗜睡症与死亡等。

因为畜禽的行为不是维持健康，就是满足舒适的需要。所以，不管对哪种行为的剥夺，对畜禽都会产生一定的影响。

二、畜禽行为管理与设施

1. 地面及垫料

地面对畜禽身体舒适程度、体温调节、健康及卫生是非常重要的，畜禽对不同类型的地面的爱好程度是不同的。比如仔猪，相对于板条地面会更加喜欢固体水泥地面，水泥漏缝地板作为规模化猪场必备的设施设备，其重要作用主要有：一是作为承载猪群全部生活的重要场所，显著影响猪场生产水平和动物福利；二是影响粪污处理方式和效率，从而对猪舍环境与猪场环保产生影响。猪福利水泥漏缝地板有两大设计制作原则：一是在设计制作上，应该摒弃工业化水泥地板生产线，按猪场生产工艺和动物行为学的需求而精雕细琢，尤其是原材料须达到相应标准（图101为工作人员在精心打磨地板）；二是在猪舍的设备配套上，为不同生长阶段的猪群科学配置不同的水泥漏缝地板，满足不同大小的猪采食、排泄、休息、行走对地板的福利要求。以丹麦标准的水泥漏缝地板为例，不同猪舍的地板漏缝配置有着严格规定。例如，漏缝宽度，小猪为11mm，断奶仔猪为14mm，饲养的小母猪为18mm，散养后的母猪为20mm，这便于保障各类猪群的正常生活需要，保护猪蹄部，同时有效漏粪，保证猪舍清洁（图102为猪舍外等待安装的不同规格水泥漏缝地板）；关于漏缝与实心地面比例，丹麦规定猪圈内至少有1/3的地面必须是实体且易于排污，这能确保舍内保暖、通风和空气质量，能够给予猪舒适的躺卧区域（图103为漏缝和实心相结合的水泥地板）；水泥漏缝地板与食槽、水槽的合理配置，便于猪采食清洁的食物和水（图104）；水泥漏缝地板与母猪智能饲喂系统（ESF）配套，便于提升母猪福利与生产力（图105）；水泥漏缝地板与集污池的配套，便于粪污清理、储存和后期处理（图106）。

图 101　工作人员在精心打磨地板　　　　　图 102　猪舍外等待安装的不同规格水泥漏缝地板

图 103　漏缝和实心相结合的水泥地板　　　　图 104　水泥漏缝地板与食水槽的合理配置

图 105　水泥漏缝地板与母猪智能饲喂　　　　图 106　水泥漏缝地板与集污池
配套系统（ESF）配套

奶牛多发生肢蹄损伤，牛爬跨时，肉牛的长轴和缝隙的长缝呈直角，或者只有单蹄搭在缝隙上，会造成受力不均匀而使股关节骨折。在挤乳室移动过道上，牛长轴和缝隙长缝呈直角会造成行进困难。所以，缝隙地板的铺设方向和缝隙地板的材料、形状、尺寸与强度都很重要。

鸡笼底也是一种独特的漏缝地面，如果在地网上增加两根横丝，增强笼的安定性，就不会造成应激，这会帮助维持鸡的安心与正常行为的表达。假如粪便的硬糊挂在笼底，会摩擦雏鸡或肉仔鸡的胸部造成水肿，因此还研制出了不沾网。

普通的地面要重视畜床的倾斜与表面粗滑的问题，尤其要重视光滑致使的损伤。畜床倾斜在 1/30 以上时，常造成起立、横卧时的滑坡与颠倒，致使脱臼或流产。尤其是繁殖母猪的行动困难，常发生肢蹄损伤。妊娠末期与分娩时可造成脱肛与子宫脱落，还易诱发育肥猪的咬尾。

不管牛或猪，出于安全感都喜欢在高处休息。对于散养牛的牛舍，休息地面应有 1/12 的倾斜，牛常在斜面的上方站立，能减少粪尿的污染，另外脏污的垫草可被蹄子踢到斜面的下部。

适宜的地面应防滑且有弹性，并能耐磨耗，如橡胶、塑料等材料。例如，将橡胶材质的垫子放在新生仔猪的床面上，能防止粗糙或旧地面导致的损害。

猪的探索需求是否得到满足对猪的福利是很重要的。给猪提供垫料（稻草），猪会更加活跃，表现出更多的拱地和探索行为。垫料的作用有：隔热、水良好，因此可以给猪提供舒适的感觉；稻草可以给猪提供拱地、咀嚼材料，并可以作为娱乐道具；可以充当临时性食物。

因此，可以说，稻草的主要功能就是给猪提供一种刺激，避免一些不良现象（咬尾、打斗）的发生。出于卫生原因，猪舍的粪尿必须要及时清除，垫草要定期更新，否则散发的有害气体会造成猪的呼吸道疾病，并会导致咬尾、异嗜等异常行为的发生。家禽垫料与福利状见图107。

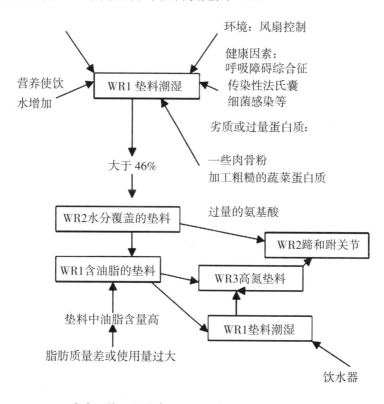

WR1：家禽面临一些风险；WR2：家禽面临很大风险

WR3：家禽面临巨大风险；WR4：家禽福利状况不能接受

图107　家禽垫料与福利状况

2. 墙壁和畜禽栏

壁面管理须注意有无钉或螺丝等金属突出物，这些不仅可以造成直接伤害，而且畜禽会将它们摇动下来，食入后会造成创伤性网胃炎和心包炎等。刮伤的能引起关节感染而致跛，病菌感染创伤后会造成肿胀与脓肿。畜禽的习性是不注意静态的东西，所以会直接踩上金属致使刺伤、切伤，但对动态东西较敏感，开放舍的防风软帘可能会被撕破，应加防护栏。而且，壁体施工时应注意防贼风问题。

畜栏隔栅的破损最易发生，育成牛舍破损情况的调查依次为隔栅40.6%，窗22.0%，出入口8.3%，壁6.7%，这几项合计为77.6%，由于畜禽运动时冲击造成的破损占 51.9%。这些原因是因为人们对畜禽的力量与运动观察得太少，选用的材料与强度不适合畜禽的习性。

妊娠猪隔着栅栏依旧会对相邻的圈舍发起攻击，和群饲相比仅仅难以击败对手，难以决出优势序列，不过能断定这时猪正处于强烈的欲望和不满状态。隔栏围上金属网，能有效地控制它们的攻击行为。降低社会因素对畜禽福利的影响能通过改善饲育环境与畜栏形式加以控制。

畜栏在尺寸设计时，福利标准须达到休息时身体不严重挤压隔栏，起立时前后运动可以安乐进行。为了助长做巢行为，例如，猪、兔的休息空间，三方围挡，上面加盖，一方视野开放；在巢中铺设垫草是非常有效的方法。

2013 年起，由于《动物福利法案》的正式实施，欧盟已经开始禁止使用母猪限位栏，猪能够自由进出的自闭栏被更多地使用。关于猪栏的福利使用，母猪在怀孕前 4 周身体状态还不够稳定的情况下，不适合进行大范围的运动，可让其在限位栏内"保胎"。对于怀孕 4 周以后的母猪，建议使用自闭栏饲养，此时母猪身体状况较稳定，自闭栏饲养可扩大母猪活动范围，增强其体质，有利于仔猪发育，可以缩短母猪产仔时间，提高仔猪成活率。自闭栏的应用见图108。

图 108　自闭栏的应用

3. 饲槽

（1）影响畜禽的采食姿势　饲槽和畜禽行为关系密切，采用自然的姿势便利采食（图 109）是最基本的福利原则，须保证头可以自由活动的空间范围。假如空间太大，头则前伸，前蹄踏入饲槽，这不是自然姿势；地面如果光滑，还会造成摔倒。例如，成牛的拴系，头部活动范围以向前 90～100cm、左右宽 55～60cm、后下方高出地面 10～15cm 最为适宜。此外，还应考虑饲槽的形状来减少饲料的抛撒，能承受畜禽损坏的强度。

图 109　牛自然的姿势便利采食

（2）控制畜禽的优势序列　在群饲条件下重点要减少优势序列对采食的妨碍，还要利用群饲的社会性促进作用来调动采食积极性。群体内个体间的竞争会产生败北者，还会造成特异性伤害或诱发应激反应。牛、猪等家畜的攻击行为是用头部进行的，在饲槽与拴系框上增加栅栏就能控制它们的运动范围，节制它们的攻击行为。例如，采用单口饲槽时，社会优势序列和增重显著相关，采用多口饲草时相关不显著。如果把饲料撒在地面上或使用长形饲槽（图110）自由采食或饲槽用高隔板分开，饲料就不会成为争夺的资源，进而减少争斗。如果饲槽上设置隔板将猪从头到肩隔开，就可以消除采食时的争斗行为，即使在禁食 24h 的条件下也能使争斗行为降低 60%。

图 110　隔板式不锈钢矩形饲槽

个体识别的单饲槽已经应用在散养奶牛和群饲母猪上，它的优点是能按产量与体重个体饲喂，即使群居也能消除其他个体的影响，利用率与优势序列无明显关系，但是在犊牛上，饲槽的占有频率与优势序列之间则有很高的相关，主要是和游戏行为有关。

三、常见的福利问题

1. 饲料安全

饲料安全指的是饲料中不含有对饲养畜禽的健康与生产性能造成实际危害的有毒、有害物质或因素，而且这些有毒、有害物质或因素不会在畜禽产品中残留、蓄积与转移而危害人体健康或对人类、动物生存的环境构成威胁。随着现代化养殖模式的改变，畜禽产品的生产已开始由数量型向质量型、环保型转变。但是目前许多畜禽产品品质仍然低劣，卫生不能达标，或有药残，严重制约了畜禽、水产品的消费和出口，进而阻碍养殖业的健康和谐的发展。

饲料在生产和使用中存在诸多不安全因素，主要表现在：

第一，农药及废弃物污染。我国农药的使用量逐年递增，目前已超过30万t，其中不乏大量高毒、高残留品种。可是农药的总体利用率不足40%，大部分经过飘移、流失，污染空气、土壤、水等自然环境，造成严重的空气、水体和土壤等农业环境污染。据调查主要农产品的农药残留超标率达20%，并有逐年递增的生物累积负效应。而大宗饲料原料，如玉米、高粱、麦麸、豆粕、菜籽饼、花生饼、棉粕等都是农产品或其加工副产物，受到农药污染在所难免。而且，土壤、大气、水中其他化学物质对饲料原料的污染也很严重。这些物质主要来源于工业"三废"、城市废弃物和养殖排泄物等。它们极易在各种饲料原料中富集而造成污染。

第二，重金属严重超标。现代饲料生产微量元素的使用很多，日粮中添加高剂量铜（125～250mg/kg）可明显提高猪的生产性能，再加之许多养殖户片面追求猪皮肤发红、粪便变黑，使铜的添加量超过猪的中毒剂量。随着铜的添加量提高，铁、锌等元素的添加量也相应增加。很多饲料企业使用2 000～3 000mg/kg氧化锌来预防仔猪腹泻。铜、铁、锌的大剂量使用，不仅导致土壤水源植被的严重污染，而且通过食物链富集，直接影响动物健康和畜产品的食用安全，从而对人体健康产生毒害作用。

第三，微生物污染。饲料及其原料在运输、储存、加工及销售过程中，由于保管不善，易感染各种霉菌，这些霉菌既能利用其自身产生的酶，分解饲料成分，降低其营养价值，又能感染畜禽致病，甚至有些霉菌还能产生毒素而导致畜禽中毒。人们若食用残留有霉菌毒素的畜禽产品亦可引发中毒病。

第四，药物添加剂的滥用。滥用违禁药物和超量使用抗生素会残留于畜禽产品之中并威胁人类健康。抗生素的使用尽管抑制或杀灭了大部分对药物敏感的病原微生物，但还有少量细菌会因此而产生耐药性。这些耐药性强的细菌可以通过食物链传递给人。我国虽然已明确规定了各种药物适用动物的种类、每种药物的适宜用量，但少数企业为了片面追求经济效益，置国家法律于不顾，在饲料生产和养殖过程中仍然使用违禁药物，造成了非常严重的后果。

第五，有机砷制剂的滥用。有机砷制剂具有促进动物生长的作用。但大量使用可导致环境污染，危害人类健康，因为砷被动物吸收后，使许多酶失活，致使代谢紊乱。例如，规模为万头猪的养殖场，利用添加有机砷100mg/kg的饲料，每年可向环境中排放125kg砷。更为严重的是，没有排放的砷蓄积于畜产品中，会严重危及人类健康（砷对人的半致死量为 1 ～ 2.5mg）。

第六，激素的残留问题。近年来，"瘦肉精"中毒在我国局部地区屡见不鲜。瘦肉精是一种化学合成的兴奋剂，性质稳定，进入动物体后主要分布于肝脏，代谢慢，易蓄积中毒。1999 年我国已明令禁止在饲料中使用，但近年的饲料质量监测中仍有部分企业违法使用，成为人们食用畜产品的隐患。

第七，转基因饲料安全问题。用转基因技术培育的作物新品种固然显示了较大优势，但其对动物和人类的安全尚无定论。

饲料、饮水对动物的生命是必需的。动物的营养需求是由其品种和生理状态决定的。饲料中的能量、蛋白质、氨基酸决定动物生长，为维持动物良好的福利状况，应当保证动物营养的平衡，否则就损害了动物的福利，引起一些不良影响。比如鸡的软骨病，是由于体内的钙、磷比例失调所致。在现代化生产过程中，由于管理不善也会导致动物的营养不良。

另外，饮水的方法与质量也会对动物福利产生影响。通常情况下，在温度适宜时，动物的饮水量与饲料摄入量是相关的。应当保证动物在任何时候都有充足、洁净的饮水。常用的饮水器有杯状饮水器和饮水乳头，杯状饮水器容易造成水的溢出或溅到饲料中，导致饲料变质，同时会造成大量蒸发。饮水乳头则可以保证饮水质量，减少蒸发和溢出，但是，随着饮水乳头高度的不断调整，地位低、生长缓慢的动物会够不着乳头。饮水质量应当满足动物所需的质量标准，应当定期对微生物及矿物质进行测定。

2. 疾病预防

动物福利是动物个体适应环境的情况，当然也包括与病原的适应情况，因此疾病也是动物福利所需考虑的重要因素。疾病会给动物造成痛苦，对动物福利产生影响。疾病通常有传染病、地方性流行病以及营养性疾病等。管理和卫生条件对于任何疾病的发生都会起到关键作用。如猪流行性感冒、地方性肺炎、断奶仔猪综合征以及一些营养性疾病是由于差的气候环境、卫生条件和管理措施造成的。

由于动物福利和疾病有密切关系，因此疾病监测也是评估动物福利的一个重要手段。疾病可以说明动物现在所处的福利状态，也可以说明动物在过去一段时间内的福利状态。对动物发病情况的详细记录可对动物福利的评估提供非常可靠的信息。采取预防和治疗措施是非常重要的，集约化养殖场中常常采用的预防性措施有"全进全出"制度、空舍消毒、早期断奶、制订合理的免疫计划并且定期进行免疫接种。

3. 常规管理

在饲养过程中为便于管理或经济需要，通常会对动物进行一些外科手术，如去势、断尾、剪牙、加耳标、挂鼻铃等。这些操作会刺激动物的神经系统，造成动物的疼痛。

一般在仔猪出生后的几天（周）内对其去势。此种手术通常不进行麻醉，在操作过程中常常会造成猪的挣扎与尖叫，假如操作不当导致组织的撕裂则会更加严重，当仔猪尖叫时就能判定其正处于差的福利状态。并且，刚刚去势的仔猪因为疼痛会表现战抖、摇动与跌倒，还可能引发呕吐，避免躺下或躺下时避开伤口。去势的主要目的是为了减少猪在达到性成熟后发生的打斗行为，保证肉品质量，方便管理，可是实际操作中常常等不到性成熟便会被屠宰。所以，此种操作应当尽可能避免或在操作时采取麻醉来降低动物在手术前后的疼痛，并提供适当的护理。

猪的咬尾会造成严重的福利与经济问题，通过断尾能减轻这个问题，不过会造成短期、剧烈的疼痛与痛苦。猪的尾巴是用来交流信息的，断尾后会受到影响。并且，断尾的切断面神经形成的神经瘤会造成长期的疼痛。由于断尾影响，猪对其剩余的断尾会更加敏感，总是会避开各种能接触到其尾巴的行为或物体。咬尾是由于猪舍环境的不舒服，猪受到压抑而造成的，通过提供稻草或其他玩具丰富猪舍环境，满足其习性，保持适宜的饲喂密度，咬尾现象就能缓解不少。

为了降低对母猪乳头及其他仔猪造成伤害，一般会在仔猪出生不久后将其牙齿剪短或磨短。这种操作有时会对牙本质造成损伤，引起仔猪的疼痛。此种现象在室内饲喂时发生率较高，室外饲喂时因为空间较大，仔猪较易于逃避，因此发生率低一些。不过剪牙不会对仔猪的健康与生长速度造成不良影响。所以，在不给仔猪造成疼痛的前提下，这种操作是可行的。

为了使动物便于辨别与管理，一般会给动物加带耳标与鼻铃。操作过程中，假如畜禽的耳组织被撕开，会造成动物的疼痛；假如耳朵的主要结构受伤，就会使疼痛更加剧烈，而且伤口一般不会顺利愈合。当鼻铃嵌入畜禽的鼻子时，会导致肌肉组织受伤，并且由于鼻末端富有神经末梢，拉动鼻铃时会造成很大疼痛。拱地是猪的一种偏好行为，由于鼻铃的存在会阻止其拱地行为，会导致猪的福利受到较大影响。

饲养人员对动物的日常检查对保证畜禽福利是很重要的。忽略或漠视畜禽会影响其福利，其中主要包括生病、受伤后没有及时护理，没有及时饲喂或清理打扫房舍。对于表现出的福利差的迹象，如身体、运动姿势异常，食欲不佳，呼吸困难，关节肿胀，瘸腿等，应当及时采取纠正措施，同时应加以注意饲料、饮水的卫生。

群体结构和混群中应注意动物福利，猪是一种社会性动物，在群体中会形成一定的社会等级。一旦这种群体结构发生了改变，为重新确定群体内地位，通常会发生打斗或竞争行为。仔猪刚刚降生后便会形成所谓的"乳头顺序"，又称"护理顺序"。乳头顺序似乎是根据仔猪的体重和力量来确定的，即出生早或体重大的仔猪总是在靠前的乳头吃奶，出生晚或体质弱的仔猪则吃后面的乳头，而前面的乳头会产生较多的奶。一旦乳头被其他的仔猪占领，则发生竞争。断奶后，为获得统一的体重，通常会将仔猪重新分群饲喂。互相不熟悉的仔猪混群后会通过打斗来确定其地位，主要表现为对身体腹部的攻击。混群后造成的打斗，会浪费一定的能量，同时进食量也会受到影响。因此，对育肥效果会造成负面影响。将同一窝仔猪从出生到屠宰都饲喂在一个没有应激、条件适宜的房舍中，发现其健康状况、生产性能都较混群后的效果好。

此外，进食也容易发生竞争行为，并且总是对地位低的猪不利。食物竞争一般是发生在撒料后的30min，地位高的猪会阻止其他的猪进食，导致地位低的猪育肥效果不佳。打斗和竞争行为会造成猪的生理反应，激素水平升高，并对肉品质量产生影响。现在已经采取了几种措施来减少打斗及其造成的危害，通过剪齿会减少对面部及身体造成的伤害。打斗的数量是与环境刺激有关的，通过提供轮胎、软皮管等玩具可以减少仔猪的打斗；在混群前使用一定的镇静药物会起到一定的作用，但是药物不发挥作用后仍然会发生打斗。许多农场主的经验表明，在混群或饲喂时，减弱光线或提供一定数量的垫草对减少动物打斗是有效的。

4. 人工育种

基因工程和生物技术在集约化养殖场动物育种中的应用大大提高了动物瘦肉率、生长速度和饲料利用率，并且很长一段时间内并没有出现负面影响，但是后来却逐渐发现了一些问题。首先，由于瘦肉所占身体重比例的增加，导致了食欲下降。对猪研究发现，相对于对照组，公猪的食欲下降了10%，母猪也出现了不同程度的食欲下降。其次，动物的繁殖能力受到影响。由于生长速度过快，当猪达到繁殖体重和体型时，身体仍然会处于生长阶段，因此怀孕期间用于胎儿发育的营养将被分出一部分来供母猪生长，繁殖系统缺乏营养，结果就是胎儿出生后体重减轻，身体衰弱，死亡率高。仔猪的身体素质和死亡率是养猪业中非常严重的问题。再次，身体素质受到影响。软骨病会使猪非常疼痛的，并会影响到其运动，它是由于高的生长速度对身体骨骼产生的影响造成的。再次，产生应激。猪的应激综合征（PSS）是造成养猪业中经济损失最大的遗传性疾病。其产生的主要影响就是动物在运输屠宰过程中会产生应激，死亡率增加，并导致 PSE 肉和 DFD 肉的产生，严重影响肉品质量。PSS 的发生与动物的基因组成有密切关系，弗烷基因阳性的猪会表现出较高的瘦肉率和生长速度，但是更容易死亡和出现 PSE 肉。近些年来由于对瘦肉率、生长速度的选择导致了现在的品种中该基因有较高的存在概率。

5. 运输

（1）运输前准备　为便于运输管理，降低畜禽在运输过程中的死亡率、受伤率，通常会在运输前做一些准备工作，包括对畜禽、车辆的检查，做出运输计划，对畜禽禁食处理等。

对运输车辆的要求：地板要防滑且材料要保证在装卸动物时不会产生太大的噪声；车厢的大小应当与所运输的动物的数量适应，防止出现拥挤和过于松散的情况，否则容易导致动物受伤；防震、缓冲装置要好，车辆的震动会影响动物的舒适；车厢的地板、墙壁和顶棚，应当是隔热的，能保持车厢温度，保证在炎热的夏天与寒冷的冬天畜禽避免温度应激；车辆在运动时，通风孔应当足够大，且高度要与动物相适应，车辆保持静止时，应当使用机械通风系统；运输计划应当包括详细的运输路线、运输时间、中转点、休息、进食与饮水、运输检查、护理、紧急处理等；根据畜禽的品种、年龄与数量，车辆上应当准备充足的饮水、饲料及垫料。畜禽运输车见图111。

图 111　畜禽运输车

畜禽在运输前应当由兽医进行检查，决定畜禽是否适于运输。欧洲兽医联盟（FVE）提出了许多不适于运输的情况：怀孕后期的畜禽；8h 内曾分娩过的畜禽；新出生的，脐带没有完全愈合的畜禽；由于疾病和受伤而不能自己走进车辆的畜禽。

为便于运输，减少晕车和打斗现象，畜禽在运输前通常会禁食一段时间，并进行适当的围栏处理，使其适应一段时间，使畜禽心率恢复到正常水平，然后装车。待屠宰猪推荐的围栏面积见表 45。

表 45　不同时间待屠宰猪的围栏面积

时间	< 30min	30min 至 3h	> 3h
面积	0.45m²/头	0.55m²/头	0.65m²/头

（2）装车（图112）对大部分的畜禽，装车是运输过程中应激性最强的部分。假设运输条件比较好而且路程较短，装车将成为运输过程中影响畜禽福利的最重要因素。装车过程中畜禽福利差的主要表现为动物停止移动、发出叫声、心率升高、血液可的松浓度水平升高等。装车过程中几个应激原的联合作用将会给动物福利带来更大的影响。装卸过程中不正确的人工操作会造成畜禽应激。

用棍棒打击畜禽尤其是畜禽的敏感部位会造成动物的疼痛，如电磁棒的使用会使猪的心率升高，造成恐惧与疼痛，导致肉品质量下降。

不同品种、不同个体畜禽对装车的反应也不尽相同，畜禽是否有运输经历也是重要的。例如，曾经历过运输的猪在装车时要比初次运输的猪出声的概率小，经历过几次运输的绵羊很少表现出运输福利不良的现象。

图 112　猪装车

（3）空间　畜禽运输时的空间也是影响畜禽福利的重要因素。空间要求一般有两个方面：一是指畜禽在站立或躺下时所占的地板面积，即运输密度；一是指畜禽所在车厢的高度。给畜禽提供空间的原则就是使畜禽可以保持自然姿势站立。

空间要求的最低值主要是由畜禽身体大小决定，但也取决于其他因素，包括有效调节体温的能力、环境温度以及畜禽是否需要躺下。畜禽是否躺下休息则取决于路程长短、运输条件、驾驶员的细心程度、车辆缓冲系统的好坏以及路面质量好坏。并且畜禽是否需要在车上进食和饮水也是决定空间要求的重要因素。空运箱里的猪见图113。

图 113　空运箱里的猪

（4）运输管理　运输检查，负责运输的人员应当在经过一定时间间隔，或在出现一些紧急情况后对动物进行检查。比如在车辆过度颠簸后，出现道路交通事故后，都要对动物进行检查。有必要对每只动物都进行检查，发现受伤、生病和死亡的动物，运输人员应当采取相应措施。对没有治疗价值的动物，为减少其痛苦，可以进行人道的紧急屠宰，并对处理措施做好记录，这对于评估运输福利是非常重要的。

在长途运输中，给畜禽一定的休息时间并提供适量饲料和饮水对维持良好的畜禽福利是有益的。欧盟相关要求，经过8h运输后应当给猪提供清洁的饮水，并在车辆静止时提供饮水。24h的运输后，至少提供8h的休息时间，并提供饲料，但应当定量少给。

运输过程中畜禽福利差会导致健康问题，导致畜禽发病或病原的传播。在运输过程中疾病主要是由病原体在动物体内存在或病原在运输过程中相互传播造成的。畜禽在运输过程中常常会出现"运输热"，是畜禽在运输后的几小时或几天内表现出来的一种运输综合征，是由于运输过程中动物携带的病原活化所致。运输过程中的各种应激原是通过降低畜禽物的免疫力而提高了畜禽对病原的易感性，并且由于动物的混群，会增加病原在不同个体动物间的传播概率。

6. 屠宰

（1）卸车及待宰圈存养　畜禽运输到屠宰场后是否立即卸车及卸车时间长短会影响到车辆的通风、动物的打斗频率和死亡率。虽然卸车要比装车的应激性小，如果处理不妥，例如，斜坡坡度过大，电刺棒的使用等，仍然会造成拥挤、身体的受伤。

卸车后，畜禽需要一定的休息时间以缓解运输中的应激。所以，卸车后的待宰圈存养对保证动物福利是非常重要的。一般认为2～3h的存养就能保证福利、肉品质量和经济利益的平衡。如果存养时间过长，会造成畜禽的饥饿感和打斗数量的增加。

待宰圈的条件优劣可以对畜禽福利产生影响。根据存养时间、畜禽品种的不一，待宰圈须配备一定的通风系统。待宰圈的大小应该和运输车辆一致，减少混群造成的打斗。对于待宰猪，存养密度不能超过2头/m²，因为过大的空间也会造成打斗数量的增加。根据季节的变化，卸车后对猪淋浴10～20min，会降低体温，减少存养时的热应激发生率与死亡率。

（2）赶往击晕点　把待宰畜禽赶往击晕点的过程中应激性是很强的。如果处理不当会导致畜禽的血液可的松浓度升高，体温升高，皮肤损伤及肉品质量下降。这个过程处理设施特别是过道的设计对畜禽福利有很大的影响。过道的设计应当方便畜禽的移动，减少人员和畜禽的接触，减少皮肤损伤及 PSE 或 DFD 肉的发生。处理设施应当和生产速度相适应，粗糙、简陋的过道和处理设施不能适应屠宰间的生产速度，常常会借助较多的处理工具，如电刺棒或棍棒的使用，对畜禽福利产生不利影响。

（3）击晕　通常在屠宰前将畜禽击晕，以降低动物在屠宰过程中的活动、痛苦与疼痛。目前常采用的击晕方法有电击晕、CO_2 击晕与枪击击晕 3 种方法。

电击过程中的电流强度、固定装置及电极位置对动物福利是很重要的。不同的动物所适用的电流强度和时间是不相同的，见表 46。击晕前将动物固定是必要的，但是固定操作限制了动物的自由，导致动物产生恐惧感，心率会升高。电击装置及待电击的猪见图 114，各种动物正确枪击的位置见图 115。

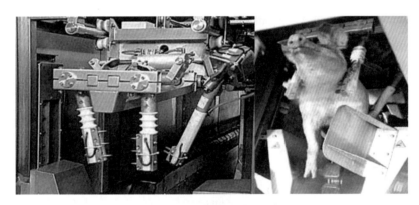

图 114　电击装置及待电击的猪

表 46　电击晕时推荐性电流强度和时间

种类	电流（A）	电流（A）	电压电流（V）	时间电流（min）
猪	≥ 125	≥ 1.25	≤ 125	≤ 10
绵羊	100 ~ 125	1.0 ~ 1.25	75 ~ 125	≤ 10
禽（1.5 ~ 2kg 肉禽）	200	2.0	50 ~ 70	5

种类	电流（A）	电流（A）	电压电流（V）	时间电流（min）
鸡	200	2.0	90	10
鸵鸟	150～200	1.5～2.0	90	10～15

注：表格数据来源于FAO农场动物福利一般原则。

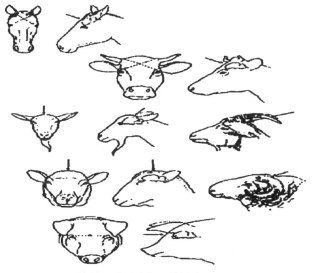

图115　各种动物正确枪击的位置

（4）放血　放血是将畜禽的主要血管割断，从而使畜禽死亡的过程。为保证放血过程中的畜禽福利，放血和击晕之间的时间间隔应当尽量短，因为较长的时间间隔畜禽会恢复知觉，比如禽的放血通常是在击晕后的15s内进行。并且放血的刀子必须锋利，下刀要准确，否则会延长放血的时间，会使畜禽感觉到疼痛，还会造成血管破裂，肌肉溶血（图116）。

图116　畜禽放血生产线

击晕后放血前判断畜禽还处于昏迷状态是非常重要的。牛、绵羊、山羊、猪在枪击后会马上瘫倒，呼吸停止，触摸其眼睛时不会出现眨眼或其他反应。当使用电击时，最初的30s是不能判断畜禽是否处于昏迷状态的，假如畜禽出声或试图抬头则表明畜禽没有昏迷，仍然可以感觉到疼痛。如果畜禽被击晕后仍然有知觉的必须重新击晕。

（5）紧急屠宰　畜禽场的畜禽需要紧急屠宰的原因有很多，一般有：

1）疾病　畜禽在饲养过程中可能发生难以治愈的疾病而没有治疗价值。

2）运输过程中的受伤　运往屠宰场或目的地的途中畜禽受伤，为减少畜禽不必要的痛苦，采取紧急屠宰。

3）存养及屠宰场受伤　畜禽在存养场及屠宰场受到严重伤害时，需要立即屠宰来减少畜禽的痛苦与不适。

4）暴发烈性传染病　当确定发生烈性传染病或是暴发对经济和公共卫生有重大影响的疾病时，为控制疫病的传播，必须对疫点的畜禽屠宰处死。

紧急处死的原则是在最短的时间内处死畜禽，避免造成畜禽的痛苦。紧急屠宰畜禽时必须在兽医的监督下进行，并对执行处死动物的人员进行培训，表47列举出了控制畜禽疫病时使用的各类处死方法。

表47　以控制疫病为目的时动物的处死方法

方法	程序	效果	标准	动物	方式
1. 机械方法	1. 子弹	立即	软的或中空的子弹	大小均可	射击身体
	2. 弩枪	立即	适当的枪管和射击位置	大小均可	需要理想的射击位置
2. 气体	CO_2/空气混合物	非立即	浓度和暴露时间	禽	其他的刺激和麻木
3. 电击	1. 心脏电击	立即	电击位置、最小电流、时间频率	大小均可禽	保定电流变化
	2. 水浴电击	立即	频率、最小电流、时间		

方法	程序	效果	标准	动物	方式
4. 注射	1. 巴比妥钠	非立即	浓度及注射方法	小动物	注射技术和部位
	2. T－61				
5. 其他方法	1. 物理方法	立即	打击	禽	打击技巧
	2. 其他或气体混合物 —CO —CO_2 和氩气或氮 —氮气和氩气 —氰化物	非立即	浓度和暴露时间	仔猪、禽	打击技巧
	3. 电击头部	立即	最小电流、时间和频率	大小均可	需要放血

注：表格内容来源于欧盟科学兽医委员会报告（1997.9.30）。

四、福利环境的创设

1. 建立亲和关系

动物被人类掌控，动物福利应该建立在人类的道德良知上。人类要树立爱护动物的观念，发自内心地感受到自己行为的不当与残酷。中立性的管理，抑制虐待，加之爱抚等措施都有利于建立良好的亲和关系以改善生产。

2. 循序渐进地进行管理

在饲育环境经常发生戏剧性变化的集约化畜禽生产中，个体差异能否用遗传调控解决是值得怀疑的。主要的改善方案是循序渐进地改变环境。在改变饲养管理之前，多安排一种过渡环境，使畜禽逐步适应新的环境。

3. 适宜的生产水平

畜禽生产单位的生产水平要和经济技术条件相适应。盲目的追求高产会事与愿违，既有损动物福利，也会因高强度的利用导致年限缩短、药物费用增加和经济效益下降。

4. 清洁生产

清洁生产战略目标的建立为改善动物福利提供了契机。畜禽产业中清洁生产应包括饲料、供水、防病及饲养管理。可以从以下几个方面注意：提高饲料利用率，对疫病要早预防和早治疗，改善饮水设备，科学处理粪便。

专题六
畜禽场环境防疫管理关键技术

专题提示

　　畜禽场环境监测是根据环境监测的数据，再按照一定的评价标准和评价方法，以及对畜禽的健康和生产状况进行对比检查，进行环境质量评价，可以确切了解畜牧场环境状况，制订和实施畜牧场环境管理措施以及检验评价畜牧场环境管理的实施效果，及时解决存在的问题，确保畜禽生产正常进行。

I 畜禽场环境消毒技术

一、消毒的分类和方法

（一）消毒分类

　　根据进行的时间及性质不同，畜禽场的消毒通常分为经常性消毒、定期消毒、突击性消毒、临时消毒和终末消毒。

　　1. 经常性消毒

　　经常性消毒是在未发生传染病的条件下，为预防疾病的发生，消灭可能存在的病原体，对畜禽场周围环境、畜禽舍、设施、畜禽及畜禽经常接触到的一些器物进行消毒。经常性消毒一般是根据畜禽场日常管理的需要，随时或经常进行。接触面广、流动性大、易受病原体污染的器物、设施和出入畜禽场的人员、车辆等是消毒的主要对象。

　　2. 定期消毒

　　定期消毒是在未发生传染病的条件下，为了预防传染病的发生，对于有可能存在病原体的场所或设施如圈舍、栏圈、设备用具等进行定期消毒。如畜群出售，畜禽舍空出后，必须对畜禽舍及设备、设施进行全面清洗和消毒，以彻底消灭微生物，使环境保持清洁卫生。

3. 突击性消毒

突击性消毒也叫疫源地紧急消毒。当发生畜禽传染病时，为及时消灭病畜禽排出的病原体，切断疾病传染途径，防止其进一步扩散和蔓延，对畜禽场环境、畜禽、器具等进行的消毒。通常要对病畜禽的分泌物、排泄物、病畜禽体、尸体及病畜禽接触过的圈舍、设备、物品、用具、被污染的场所等进行彻底的消毒，对兽医人员在防治和试验工作中使用的器械设备和所接触的物品亦应进行消毒。

4. 临时消毒

临时消毒是在非安全地区的非安全期内，为消灭病畜禽携带的病原传播所进行的消毒。临时消毒的对象主要有病畜禽停留过的不安全畜禽舍、隔离舍及被病畜禽分泌物、排泄物污染和可能污染的一切场所、用具和物品等。临时消毒应尽早进行，根据传染病的种类和用具选用合适的消毒剂。

5. 终末消毒

终末消毒是在消灭了某种传染病、解除封锁之前，为了彻底消灭病源地的病原体而进行的全面消毒。终末消毒不仅要对病畜禽周围一切物品及畜禽舍进行消毒，而且要对痊愈畜禽的体表、畜禽舍和畜禽场其他环境进行消毒。

（二）消毒方法

畜禽场的消毒方法包括三大类：物理消毒法、化学消毒法和生物消毒法。

1. 物理消毒法

（1）机械性清除　用清扫、铲刮、洗刷等机械方法清除降尘、污物及沾染在墙壁、地面以及设备上的粪尿、残余饲料、废物、垃圾等。因为除了强碱（氢氧化钠溶液）以外，一般消毒剂，即使接触少量的有机物（如泥垢、尘土或粪便等）也会迅速丧失杀菌力，因此，消毒以前的场地必须进行清扫、铲刮、洗刷并保持清洁干净。机械性清除（图117）多属于畜禽的日常饲养管理工作，只要按照日常管理规范认真执行，即可最大限度地减少畜禽舍的病原微生物。

图 117　机械性清除

（2）日光照射　日光照射是指将物品置于日光下暴晒，利用阳光中的紫外线、阳光的灼热和干燥作用使病原微生物灭活。日光照射适用于对畜禽场、运动场场地、垫料和可以移出室外的用具等进行消毒，这种方法既经济又简便。

一般的病毒和非芽孢菌体，在直射阳光下，只需几分钟到数小时即可被杀灭。如巴氏杆菌经 6～8min，口蹄疫病毒经 1h，结核杆菌经 3～5h 就能被杀死。即使对恶劣环境抵抗能力较强的芽孢，在连续几天强烈阳光反复暴晒后也可以被杀灭或变弱。阳光的杀菌效果受空气温度、湿度、太阳辐射强度及微生物自身抵抗能力等因素的影响。低温、高湿及能见度低的天气消毒效果差，高温、干燥、能见度高的天气杀菌效果好。畜禽舍内的散射光也能将微生物杀死，但作用弱得多。

（3）紫外线照射消毒　紫外线照射消毒（图 118）是用紫外线灯照射杀灭空气中或物体表面的病原微生物的过程。紫外线可以使细胞变性，进而引起菌体蛋白质和酶代谢障碍而导致微生物变异或死亡。紫外线照射消毒常用于种蛋室、兽医室等空间以及人员进入畜禽舍前的消毒。由于紫外线容易被吸收，对物体（包括固体、液体）的穿透能力很弱，所以紫外线只能杀灭物体表面和空气中的微生物。当空气中微粒较多时，紫外线的杀菌效果降低。由于畜禽舍内空气尘粒多，所以，对畜禽舍内空气采用紫外线消毒效果不理想。另外，紫外线的杀菌效果还受环境温度的影响，消毒效果最好的环境温度为 20～40℃，温度过高或过低均不利于紫外线杀菌。

图118 紫外线照射消毒

（4）电离辐射消毒 用包括 X 射线、γ 射线、β 射线、阴极射线、中子与质子电离辐射照射物体，以杀灭物体内细菌和病毒等微生物的过程，称为电离辐射消毒。电离辐射具有强大的穿透力且不产生热效应，尽管已在食品业与制药业领域广泛使用，但产生电离辐射需有专门的设备，投资和管理费用都很大，因此，在畜牧业中短期内还难采用。

（5）高温消毒 高温消毒是利用高温环境破坏细菌、病毒、寄生虫等病原体结构，进而杀灭病原体的过程。主要包括火焰消毒、煮沸消毒和高压蒸汽消毒等消毒形式。

火焰消毒（图119）是利用火焰喷射器喷射火焰灼烧耐火的物体或者直接焚烧被污染的低价值易燃物品，以杀灭黏附在物体上的病原体的过程。这是一种简单可靠的消毒方法，杀菌率高，平均可达97%；消毒后设备表面干燥。常用于畜禽舍墙壁、地面、笼具、金属设备等表面的消毒。使用火焰消毒时应注意以下几点：每种火焰消毒器的燃烧器都只和特定的燃料相配，故一定要选用说明书指定的燃料种类；要撤除消毒场所的所有易燃易爆物，以免引起火灾；先用药物进行消毒后，再用火焰消毒器消毒，才能提高灭菌效率。

煮沸消毒是将被污染的物品置于水中蒸煮，利用高温杀灭病原体的过程。煮沸消毒经济方便，应用广泛，消毒效果好。一般病原微生物在100℃沸水中5min即可被杀死，经1～2h煮沸可杀死所有的病原体。这种方法常用于体积较小而且耐煮的物品如衣物、金属、玻璃等器具的消毒。

高压蒸汽消毒（图120）是利用水蒸气的高温杀灭病原体。其消毒效果可靠，常用于医疗器械等物品的消毒。常用的温度为115℃、121℃或126℃，一般需维持20～30min。

图 119　火焰消毒

图 120　高压蒸汽消毒

2. 化学消毒法

（1）选择消毒剂的原则

1）适用性　不同种类的病原微生物构造不同，对消毒剂反应不同，有些消毒剂为广谱性的，对绝大多数微生物都具有杀灭效果，也有一些消毒剂为专用的，只对有限的几种微生物有效。因此，在购买消毒剂时，须了解消毒剂的药性，消毒的对象如物品、畜禽舍、汽车、食槽等特性，应根据消毒的目的、对象，根据消毒剂的作用机制和适用范围选择最适宜的消毒剂。

2）杀菌力和稳定性　在同类消毒剂中注意选择消毒力强、性能稳定，不易挥发、不易变质或不易失效的消毒剂。

3）毒性和刺激性　大部分消毒剂对人、畜禽具有一定的毒性或刺激性，所以应尽量选择对人、畜禽无害或危害较小的，不易在畜产品中残留的并且对畜禽舍、器具无腐蚀性的消毒剂。

4）经济性　应优先选择价廉、易得、易配制和易使用的消毒剂。

（2）化学消毒剂的使用方法

1）清洗法　用一定浓度的消毒剂对消毒对象进行擦拭或清洗，以达到消毒的目的。常用于对种蛋、畜禽舍地面、墙裙、器具进行消毒。

2）浸泡法　将需消毒的物品浸泡于消毒液中进行消毒。常用于对医疗器具、小型用具、衣物进行消毒。

3）喷洒　将一定浓度的消毒液通过喷雾器喷洒于设施或物体表面以进行消毒（图 121）。常用于对畜禽舍地面、墙壁、笼具及动物产品进行消毒。喷洒法简单易行、效力可靠，是畜禽场最常用的消毒方法。

4）熏蒸法　利用化学消毒剂挥发或在化学反应中产生的气体，以杀死封闭空间中的病原体。这是一种作用彻底、效果可靠的消毒方法。常用于对孵化室、无畜禽的畜禽舍等空间进行消毒。熏蒸消毒时应注意：畜禽舍要密闭，盛药容器要耐腐蚀，温度和湿度要适宜，消毒后要通风换气 2d 以上再使用。

5）气雾法　利用气雾发生器将消毒剂溶液雾化为气雾粒子对空气进行消毒（图 122）。由于气雾发生器喷射出的气雾粒子直径很小（小于 200nm），质量极小，能在空气中较长时间地飘浮并可进入细小的缝隙中，因而消毒效果较好，是消灭气源性病原微生物的理想方法。

图 121　喷洒消毒　　　　　　　　　　　　　图 122　气雾法消毒

（3）影响化学消毒效果的因素

1）化学消毒剂的性质　由于各种消毒剂本身的化学特性和化学结构不同，对微生物的作用方式也不同，所以不同消毒剂的消毒效果也不一致。

2）微生物的种类　由于微生物生物学特性不同，其对化学消毒剂所表现的反应也不同，如革兰阳性菌易于碱性染料的阳离子、重金属盐类的阳离子及去污剂结合而被灭活。细菌的芽孢因结构坚实，消毒剂不易渗透进去，所以芽孢对消毒剂的抵抗力比其繁殖体要强得多。

3）有机物　有机物的存在能妨碍消毒药物和病原的接触而影响消毒效果，同时含蛋白质的污物可部分中和消毒剂，特别是阴离子表面活性剂药物受影响更明显。因此，将欲消毒的对象先清洁后再施用消毒剂为最基本的要求。

4）消毒剂的浓度　在一定的范围内，化学消毒剂的浓度越大，其对微生物的毒性作用也越强，但相应的消毒成本会提高，对消毒对象的破坏也严重。但有些药物浓度增加，杀菌力却可能下降，如 70% 乙醇的杀菌作用比 100% 的纯乙醇强。因此，各种消毒剂应按其说明书的要求进行配制。

5）温、湿度及时间　大多数消毒剂的消毒作用在温度上升时有显著增加，尤其是戊二醛类。但易蒸发的卤素类的碘剂例外，加温至70℃时会变得不稳定而降低消毒效力。在熏蒸消毒时，湿度对消毒效果有影响。用过氧乙酸及甲醛熏蒸消毒时，相对湿度以60%～80%为最好。湿度太低，则消毒效果不佳。在其他条件都一定的情况下，作用时间越长，消毒效果越好。消毒剂杀灭细菌所需时间的长短取决于消毒剂的种类、浓度及其杀毒速度，同时也与细菌的种类、数量和所处的环境有关。

6）pH　许多消毒剂的消毒效果受消毒环境pH的影响。一方面，pH可以改变消毒剂溶解度、离解程度和分子结构，从而影响消毒效果。如次氯酸、苯甲酸等消毒药在酸性环境中的杀菌作用加强，戊二醛在碱性时易分解而增强杀菌作用。另一方面，微生物正常生长繁殖的pH范围是6～8，当pH＞7时，细菌带的负电荷增多，有利于阳离子型消毒剂杀菌，而阴离子型消毒剂则在酸性条件下消毒效果较好。

（4）常用化学消毒剂的种类

1）醛类消毒剂　常用的有甲醛和戊二醛两种。甲醛是一种杀菌力极强的消毒剂，但它有刺激性气味且杀菌作用非常迟缓。可配成5%甲醛酒精溶液，用于手术部位消毒，福尔马林是甲醛的水溶液，含甲醛37%～40%，并含有8%～15%的甲醇，福尔马林比较稳定，可在室温下长期保存，而且能与水或醇以任何比例相混合。对细菌芽孢、繁殖体、病毒、真菌等各种微生物都有高效的杀灭作用。甲醛常利用氧化剂高锰酸钾、氯制剂等发生化学反应。戊二醛用于怕热物品的消毒，效果可靠，对物品腐蚀性小，但作用较慢。

2）酚类消毒剂　酚类消毒剂是一种古老的中效消毒剂，只能杀灭细菌繁殖体和病毒，而不能杀灭细菌芽孢，对真菌的作用也不大。酚类化合物有苯酚、甲酚、氯甲酚、氯二甲苯酚、六氯双酚、来苏儿等。由于酚类消毒剂对环境有污染，这类消毒剂应用的趋向逐渐减少。

3）醇类消毒剂　最常用的是乙醇和异丙醇，它可凝固蛋白质，导致微生物死亡，属于中效水平消毒剂，可杀灭细菌繁殖体，不能杀灭芽孢。醇类杀微生物作用亦可受有机物影响，而且由于易挥发，应采用浸泡消毒，或反复擦拭以保证其作用时间。醇类常作为某些消毒剂的溶剂，而且有增效作用。

临床上常用乙醇进行注射部位皮肤消毒、脱碘，器械灭菌，体温计消毒等。常配成70%～75%乙醇溶液用于注射部位皮肤、人员手部、注射针头及小件医疗器械等消毒。

4）季铵盐类消毒剂　季铵盐又称阳离子表面活性剂，它主要用于无生命物品或皮肤消毒。季铵盐化合物的优点是毒性极低，安全、无味、无刺激性，在水中易溶解，对金属、织物、橡胶和塑料等无腐蚀性。它的抑菌能力很强，但杀菌能力不太强，主要对革兰阳性菌抑菌作用好，阴性菌较差。对芽孢、病毒及结核杆菌作用能力差，不能杀死。复合型的双链季铵盐化合物，比传统季铵盐类消毒剂杀菌力强数倍。有的产品还结合杀菌力强的溴原子，使分子亲水性及亲脂性倍增，更增强了杀菌作用。

常用的季铵盐类消毒剂，如新洁而灭，临床上常配成0.1％浓度作为外科手术，器械以及人员手、臂的消毒；百菌灭能杀灭各种病毒、细菌和霉菌。可作为平常预防消毒用，按1∶（800～1200）稀释作畜禽舍内喷雾消毒，按1∶800稀释可用于疫情场内、外环境消毒，按1∶（3000～5000）稀释可长期或定期作为饮水系统消毒；畜禽安消毒剂是复合型第五代双单链季铵盐化合物，比传统季铵盐类消毒剂抗菌广谱、高效，常用浓度40％的畜禽安按3500～6000倍稀释用于平常预防消毒，也可按1200～3000倍稀释用于畜禽舍和疫场环境的喷洒消毒使用。

5）过氧化物类消毒剂

a. 过氧乙酸　为强氧化剂，性能不稳定、高浓度（25％以上）加热（70℃以上）能引起爆炸，故应密闭避光储放在低温3～4℃处。有效期半年，使用时应现配现用，过氧乙酸对病原微生物有强而快速的杀灭作用，不仅能杀死细菌、真菌和病毒，而且能杀死芽孢，常用0.5％溶液喷雾消毒畜禽舍地面、墙壁、食具及周围环境等，用1％溶液作呕吐物和排泄物的消毒，用0.2％～0.4％溶液作蔬菜、饲草的浸泡消毒，本品对金属和橡胶制品有腐蚀性，对皮肤有刺激性，使用前应当多加注意。

b. 过氧化氢（双氧水）　是一种氧化剂，弱酸性，可杀灭细菌繁殖体、芽孢、真菌和病毒在内的所有微生物。0.1％的过氧化氢可杀灭细菌繁殖体，用$0.02～0.031g/m^3$溶液可灭活H_2N_2（亚洲甲型A2）型流感病毒。常用3％溶液对化脓创口、深部组织创伤及坏死灶等部位消毒；30mg/kg的过氧化氢对空气中的自然菌作用20min，自然菌减少90％。用于空气喷雾消毒的浓度常为60mg/kg。

常用化学消毒剂的使用方法及使用范围见表48。

表48　常用化学消毒剂的种类及使用

类别	药名	理化性质	用法与用途
醛类	福尔马林	无色，有刺激性气味的液体，含约40％甲醛，90℃下易生成沉淀	1%～2%环境消毒，与高锰酸钾配伍熏蒸消毒畜禽舍、房舍等
	戊二醛	挥发慢，刺激性小，碱性溶液，有强大的灭菌作用	2%水溶液，用0.3%碳酸氢钠调整pH在7.5～8.5可消毒，不能用于热灭菌的精密仪器、器材的消毒
酚类	苯酚（石炭酸）	白色针状结晶，弱碱性易溶于水、有芳香味	杀菌力强，2%用于皮肤消毒；3%～5%用于环境与器械消毒
	煤酚皂（来苏儿）	无色，遇光或空气变为深褐色，与水混合成为乳状液体	2%用于皮肤消毒；3%～5%用于环境消毒；5%～10%用于器械消毒
醇类	乙醇（酒精）	无色透明液体，易挥发，易燃，可与水和挥发油任意混合	70%～75%用于皮肤和器械消毒
季铵盐类	苯扎溴铵（新洁而灭）	无色或淡黄色透明液体，无腐蚀性，易溶于水，稳定耐热，长期保存不失效	0.01%～0.05%用于洗眼和阴道冲洗消毒；0.1%用于外科器械和手消毒；1%用于手术部位消毒
	杜米芬	白色粉末，易溶于水和乙醇，受热稳定	0.01%～0.02%用于黏膜消毒；0.05%～0.1%用于器械消毒；1%用于皮肤消毒
	双氯苯胍己烷	白色结晶粉末，微溶于水和乙醇	0.02%用于皮肤、器械消毒；0.5%用于环境消毒

类别	药名	理化性质	用法与用途
过氧化物类	过氧乙酸	无色透明酸性液体，易挥发，具有浓烈刺激性，不稳定，对皮肤、黏膜有腐蚀性	0.2%用于器械消毒；0.5%～5%用于环境消毒
	过氧化氢	无色透明，无异味，微酸苦，易溶于水，在水中分解成水和氧	1%～2%创面消毒；0.3%～1%黏膜消毒
	臭氧	在常温下为淡蓝色气体，有鱼腥臭味，极不稳定，易溶于水	30mg/m³，15min室内空气消毒；0.5mg/kg，10min用于水消毒；15～20mg/kg用于污染源污水消毒
	高锰酸钾	深紫色结晶，溶于水	0.1%用于创面和黏膜消毒；0.01%～0.02%用于消化道清洗
烷基化合物	环氧乙烷	常温无色气体，沸点10.4℃，易燃、易爆、有毒	50mg/kg密闭容器内用于器械、敷料等消毒
含碘类消毒剂	碘酊（碘酒）	红棕色液体，微溶于水，易溶于乙醚、氯仿等有机溶剂	2%～2.5%用于皮肤消毒
	碘伏（络合碘）	主要剂型为聚乙烯吡咯烷酮碘和聚乙烯醇碘等，性质稳定，对皮肤无害	0.5%～1%用于皮肤消毒；10mg/kg浓度用于饮水消毒
含氯化合物	漂白粉（含氯石灰）	白色颗粒状粉末，有氯臭味，久置空气中失效，大部溶于水和醇	5%～10%用于环境和饮水消毒

类别	药名	理化性质	用法与用途
含氯化合物	漂白粉精	白色结晶，有氯臭味，含氯稳定	0.5%～1.5%用于地面、墙壁消毒；0.3～0.4g/kg饮水消毒
	氯铵类(含氯铵B、C、T)	白色结晶，有氯臭味，属氯稳定类消毒剂	0.1%～0.2%浸泡物品与器材消毒；0.2%～0.5%水溶液喷雾用于室内空气及表面消毒
碱类	氢氧化钠(火碱)	白色棒状、块状、片状，易溶于水，碱性溶液，易吸收空气中的CO_2	0.5%溶液用于煮沸消毒敷料消毒；2%用于病毒消毒；5%用于炭疽消毒
	生石灰	白色或灰白色块状，无臭，易吸水，生成氢氧化钙	加水配制10%～20%石灰乳涂刷畜舍墙壁、畜栏等消毒
乙烷类(二胍类)	氯己定(洗必泰)	白色结晶，微溶于水，易溶于醇	0.01%～0.025%用于腹腔、膀胱等冲洗；0.02%～0.05%术前洗手浸泡5min

3. 生物消毒法

生物消毒法是利用微生物在分解有机物过程中释放出的生物热杀灭病原微生物和寄生虫卵的方法。在有机物分解过程中温度可以达到60～70℃，可以使病原性微生物和寄生虫卵在十几分钟至数天内死亡。生物消毒法是一种经济简便的消毒方法，常用于畜禽粪便的消毒。

二、畜牧场的消毒管理

(一)畜牧场消毒制度

畜牧场大门和圈舍门前必须设消毒池，消毒池内的消毒液应保证有效；场内还应设更衣室、淋浴室、消毒室、病畜禽隔离舍。

畜牧场应采用物理消毒、化学消毒相结合的方式，进行定期或不定期消毒。

选择高效低毒、人畜无害的消毒药品；对环境、生态及动物有危害的药不得选择。

圈舍每天清扫 1～2 次，周围环境每周清扫一次，及时清理污物、粪便、剩余饲料等物品，保持圈舍、场地、用具及圈舍周围环境的清洁卫生，对清理的污物、粪便、垫草及饲料残留物应通过生物发酵、焚烧、深埋等进行无害化处理。

定期进行消毒灭源工作，一般圈舍和用具 1 周消毒 1 次，周围环境 1 个月消毒 1 次。发病期间做到 1 天 1 次消毒。疾病发生后进行彻底消毒。

场内工作人员进出场要更换衣服和鞋，场外的衣物鞋帽不得穿入场内，场内使用的外套、衣物不得带出场外，同时定期进行消毒。

所有人员进入生产区必须经过消毒池和消毒室，并对手、鞋消毒。消毒池的药液每周至少更换 1 次。

（二）车辆消毒

在畜牧场入口处供车辆通行的道路上应设消毒池，池内放入 2%～4% 氢氧化钠溶液，2～3d 更换 1 次。北方冬季消毒池内的消毒液应换用生石灰。消毒池宽度应与门的宽度相同；长度以能使车轮通过两周的长度为佳，一般在 2m 以上；池内药液的深度以车轮轮胎可浸入 1/2 为宜，10～15cm。进场车辆（运载畜禽及送料车辆）每次可用 3%～5% 来苏儿或 0.3%～0.5% 过氧乙酸溶液喷洒消毒或擦拭。

使用车辆前后需在指定的地点进行消毒。运输途中未发生传染病的车辆进行一般的粪便清除和热水洗刷即可；发生或有感染一般传染病可能性的车辆应先清除粪便，用热水洗刷后还要进行消毒，处理程序是先清除粪便、残渣及污物，然后用热水自车厢顶棚开始，再至车厢内外进行冲洗，直至洗水不呈粪黄色为止，洗刷后进行消毒；运输过程中发生恶性传染病的车厢、用具应经 2 次以上的消毒，并在每次消毒后再用热水清洗，处理程序是先用有效消毒液喷洒消毒后再彻底清扫，清除污物 0.5h 后再用消毒液喷洒，然后间隔 3h 左右用热水冲刷后正常使用。图 123 为车辆消毒。

图 123　车辆消毒

（三）道路消毒

场区各周围的道路每周要打扫 1 次；场内净道每周用 3% 氢氧化钠等药液喷洒消毒 1 次，在有疫情发生时，每天消毒 1 次；脏道每月喷洒消毒 1 次；畜禽舍周围的道路每天清扫 1 次，并用消毒液喷洒消毒。

（四）场地消毒

场内的垃圾、杂草、粪污等废弃物应及时清除，在场外无害处理。堆放过的场地，可用 0.5% 过氧乙酸或 0.3% 防消散或氢氧化钠等药液喷洒消毒；运动场在消毒前，应将表层土清理干净，然后用 10%～20% 漂白粉溶液喷洒，或用火焰消毒。

三、人员的消毒管理

人员是畜禽疾病传播中最危险、最常见也最难以防范的传播媒介，必须靠严格的消毒制度并配合设施进行有效控制。

所有进入生产区的人员，必须坚持"三踩一更"的消毒制度，即场区门前踩 3% 氢氧化钠池、更衣室更衣、消毒液洗手，踩生产区门前消毒池及各畜禽舍门前消毒盆消毒后方可入内。条件具备时，先沐浴更衣再消毒才能入畜禽舍内。场区禁止参观，严格控制非生产人员进入生产区，若因生产和业务必需，经兽医同意、场领导批准后更换工作服、鞋、帽，经消毒室消毒后方可进入。严禁外来车辆入内，若生产和业务需要，车身经过全面消毒后方可入内，场内车辆不得外出和私用。

饲养人员应经常保持自身卫生、身体健康，定期进行常见的人畜共患病检疫，同时应根据需要进行免疫接种，如发现患有危害畜禽及人的传染病者，应及时调离，以防传染。从疫区回来的外出人员要在家隔离 1 个月方可回场上班。

饲养人员进出畜禽舍时，应穿专用的工作服、胶靴等，并对其定期消毒。饲养人员除工作需要外，一律不准在不同区域或其他舍之间相互走动。主管技术人员在不同单元区之间来往应遵从清洁区至污染区，从日龄小的畜群到日龄大的畜群的顺序。为保证疫病不由养殖场工作人员传入场内，家中不得饲养同类畜种，家属也不能在畜禽交易市场或畜禽加工厂内工作。任何人不准带饭，更不能将生肉及肉制品食物带入场内。场内职工和食堂不得从市场购肉，吃肉由场内宰杀健康畜禽供给。生产区不准养猫、养狗，职工不得将宠物带入场内，不准在兽医治疗室以外的地方解剖尸体。图124为进场人员进入消毒。

图 124　进场人员消毒

四、畜禽舍的消毒管理

（一）鸡舍消毒

分空舍消毒和带鸡消毒两种，无论哪种情况都必须掌握科学的消毒方法才能达到良好的消毒效果。

1. 空舍消毒

空舍消毒的程序如下：

（1）清扫　在鸡舍饲养结束时，将鸡舍内的鸡全部移走，清除存留的饲料，未用完的饲料可作为垃圾或猪饲料使用，将地面的污物清扫干净，铲除鸡舍周围的杂草，并将其一并送往堆集垫料和鸡粪处。将可移动的设备运输到舍外，清洗暴晒后置于洁净处备用。

（2）洗刷　用高压水枪冲洗舍内的天棚、四周墙壁、门窗、笼具及水槽和料槽，达到去尘、湿润物体表面的作用。用清洁刷将水槽、料槽和料箱的内外表面污垢彻底清洗；用扫帚刷去笼具上的粪渣；铲除地表上的污垢，再用清水冲洗，反复 2～3 次。

（3）冲洗消毒　鸡舍洗刷后，用酸性和碱性消毒剂交替消毒，使耐酸或耐碱细菌均能被杀灭。一般使用酸性消毒剂，用水冲洗后再用碱性消毒剂，最后应清除地面上的积水，打开门窗风干鸡舍。

（4）粉刷消毒　对鸡舍不平整的墙壁用 10%～20% 氧化钙乳剂进行粉刷，现配现用。同时用 1kg 氧化钙加 350ml 水，配成乳剂撒在阴湿地面、笼下粪池内，在地与墙的夹缝处和柱的底部涂抹杀虫剂，确保杀死进入鸡舍内的昆虫。

（5）火焰消毒　用专用的火焰消毒器或火焰喷灯对鸡舍的水泥地面、金属笼具及距地面 1.2m 的墙体进行火焰消毒，各部分火焰灼烧时间达 3s 以上。

（6）熏蒸消毒　鸡舍清洗干净后，紧闭门窗和通风口，舍内温度要求 18～25℃，相对湿度在 65%～80%，用适量的消毒剂进行熏蒸消毒，密封 3～7d 后打开通风。

2. 带鸡消毒

带鸡消毒是定期把消毒液直接喷洒在鸡体上的一种消毒方法。此法可杀死或减少舍内空气中的病原体，沉降舍内的尘埃，维持舍内环境的清洁度，夏季防暑降温。

消毒时要求雾滴直径大小为 80～100um。小型禽场可使用一般农用喷雾剂，大型禽场使用专门喷雾装置。雏鸡 2d 进行一次带鸡消毒，中鸡和成鸡每周进行一次带鸡消毒。鸡舍消毒见图 125。

图 125　鸡舍消毒

（二）猪舍消毒

1. 空舍消毒

猪群全部转出（淘汰）后，应将猪粪垫料、杂物等彻底清除干净，舍内外地面、墙壁、房顶、屋架及猪笼、隔网、料盘等设备喷水浸泡，随后用高压水冲洗干净，必要时可在水中加上去污剂进行刷洗。不能用水冲洗的设备、用具应擦拭干净。待猪舍干燥后用0.5%过氧乙酸溶液等消毒药液喷洒地面、墙壁、设备、用具等；地面垫料平养的猪舍进垫料后，可用0.5%～2%碘制剂喷洒消毒一次，以防垫料霉变和杀灭细菌、原虫等。然后用福尔马林28ml/m³（也可再加入14g高锰酸钾）加热熏蒸消毒24h以上，通风24h，空闲10～14d，后方可使用。猪舍闲置时间应在1个月以上，使用前10d，应重新熏蒸消毒1次。对猪舍的操作间、走道、门庭等每天清理干净，并用消毒液喷洒消毒。

2. 带猪消毒

带猪消毒对环境的净化和疾病的防治具有不可低估的作用。可选择对猪的生长发育无害而又能杀灭微生物的消毒药，如过氧乙酸、次氯酸钠、百毒杀等。用这些药液带猪消毒，不仅能降低舍内的尘埃，抑制氨气的产生和吸附氨气，使地面、墙壁、猪体表和空气中的细菌量明显减少，猪舍和猪体表清洁，还能抑制地面有害菌和寄生虫、蚊蝇等的滋生，夏天还有防暑降温功效。一般每周带猪消毒1次，连续使用几周后要更换另一种药，以便取得更好的预防效果。

猪舍消毒见图126。

猪舍空舍消毒　　　　　　　　　　带猪消毒

图126　猪舍消毒

（三）牛、羊舍消毒

1. 牛、羊舍的消毒

健康的牛、羊舍可使用3%漂白粉溶液、3%～5%硫酸石炭酸合剂热溶液、15%新鲜石灰混悬液、4%氢氧化钠溶液、2%甲醛溶液等消毒。

已被病原微生物感染的牛、羊舍，应对其运动场、舍内地面、墙壁等进行全面彻底消毒。消毒时，首先将粪便、垫草、残余饲料、垃圾加以清扫，堆放在指定地点发酵或焚烧（深埋）。对污染的土质地面用10%的漂白粉溶液喷洒，掘起表土30cm，撒上漂白粉，与土混合后将其深埋，对水泥地面、墙壁、门窗、饲槽等用0.5%百毒杀喷淋或浸泡消毒，畜舍再用3倍浓度的甲醛溶液和高锰酸钾进行熏蒸消毒。

2. 牛体表消毒

牛体表消毒主要针对体外寄生虫侵袭的情况决定。养牛场要在夏季各检查一次虱子等体表寄生虫的侵害情况。对蠕形螨、蜱、虻等消毒与治疗见表49。

表49 牛体表消毒药剂名称、用量及注意事项

寄生虫	药剂名称及用量	注意事项
蠕形螨	14%碘酊涂擦皮肤，如有感染，采用抗生素治疗	定期用氢氧化钠溶液或新鲜石灰乳消毒圈舍，对病牛舍的围墙用喷灯火焰杀螨
蜱	0.5%～1%敌百虫、氰戊菊酯、溴氰菊酯溶液喷洒体表	注意药量，注意灭蜱和避虻放牧
虻	敌百虫等杀虫药剂喷洒	

3. 羊体表消毒

体表消毒指经皮肤、黏膜施用消毒剂的方法，具有防病治病兼顾的作用。体表给药可杀灭羊体表的寄生虫或微生物，有促进黏膜修复的生理功能。常用的方法有药浴、涂擦、洗眼、点眼等。

II 畜禽场废弃物的处理与利用

一、固态粪便的处理与利用

畜禽粪便常见的处理方法有生物发酵法、干燥法、焚烧法等。

（一）粪便的处理

1. 生物发酵法

生物发酵法的原理是微生物利用畜禽粪便中的营养物质在适宜的碳氮比（C/N）、温度、湿度、通气量、pH 等条件下大量繁殖，在此过程中降解有机物，同时达到脱水、灭菌的目的。

（1）自然堆沤发酵　这种处理方法是让粪便在堆粪场自然堆腐熟化，符合（GB 7959—2012）《粪便无害化卫生要求》要求后，直接施入有足够消纳能力的土地，作为肥料供农作物吸收消化。这种处理方法简单，成本低，但机械化程度低，劳动生产率低，占地面积大，处理时间长、易受天气影响。为了降低对地表水及地下水的污染，堆粪场应采取有效的防渗防漏措施。地面宜为15～20cm 混凝土、相对坡度2%；四周建1.5m 左右高的砖墙；其上搭建雨棚，防止降雨（水）的进入；堆粪场内还应设渗滤水收集沟，并与污水收集系统相连（图127）。

图127　堆粪场

（2）好氧高温发酵　这是在好氧条件下，利用好氧微生物的作用使之分解利用畜禽粪便中各种有机物，达到矿质化和腐殖化的过程。好氧发酵过程中会产生大量的热能使粪堆达到高温，所以称为好氧高温发酵。这种方法对有机物分解快、降解彻底、发酵均匀；发酵温度高，一般在55～65℃，高的可达70℃以上，杀灭病菌、寄生虫（卵）和杂草种子的效果好；脱水速度快、脱水率高、发酵周期短。因此，人们常以畜禽粪便为原料，采用好氧高温发酵法制有机肥。

（3）好氧低温发酵　这是德国 Biomest 公司开发的一种新型发酵法，使发酵在密闭的反应器中进行，用电脑控制发酵温度在 $28 \sim 45$℃，维持低温过程，发酵结束前短期内使料温升至 66℃ 以杀灭物料中有害细菌（如大肠杆菌），而让其他有益细菌存活。好氧低温发酵过程短，对环境无污染，能耗较低，产品中可利用氮含量多 15%，有益细菌的含量多 95%。但此法对发酵物料的含水率要求较高，必须控制在 55%。

（4）厌氧发酵　厌氧发酵是厌氧或兼性厌氧微生物以粪便中的原糖和氨基酸为养料生长繁殖，进行乳酸发酵、乙醇发酵或沼气发酵。粪便含水量低（60% $\sim$ 70%）的以乳酸发酵为主，粪便含水量高（> 80%）的则以沼气发酵为主。厌氧发酵优点是无须通气，也不需要翻堆，能耗省，运行费用低，缺点是发酵周期长，占地面积大，脱水干燥效果差。

1）青贮发酵　青贮发酵是处理畜禽粪便较为简便、有效的一种方法。粪便中碳水化合物的含量低，因此，常和一些禾本科青饲料一起青贮。调整好青饲料与粪便的比例并掌握好适宜含水量，就可保证青贮质量。采用青贮的方式发酵经济可靠、投资省，只需建造青贮窖或水泥池，能耗少、处理费用低，养分损失少，杀灭病菌和寄生虫（卵）效果较好，但发酵时间较长，发酵前粪料需加调理剂，干燥效果差，产量低，适合于小规模畜禽养殖场，更适合于鸡场的鸡粪发酵。

2）沼气发酵　沼气发酵是由多种微生物在没有氧气存在的条件下分解有机物来完成的。不同发酵原料和发酵条件下沼气微生物的种类会有所不同，主要有发酵细菌、产氢产乙酸菌和产甲烷菌三大类。畜禽粪便是沼气发酵的主要和优质原料，分解速度相对较快，产气效果好。沼气发酵适合于高水分粪污的处理。

3）湿式厌氧发酵　湿式厌氧发酵是一种新型厌氧处理技术，已在欧洲得到应用发展。该技术要求畜禽粪便含水量在 85%，进行热水保温中温厌氧发酵，发酵周期为 $18 \sim 20d$，有机物分解率为 72% $\sim$ 77%；若进行高温厌氧发酵，发酵周期可缩至 15d，有机物分解率达 80% $\sim$ 85%。该技术自动化、资源化程度高，对环境污染小，但投资、运行费用、工艺控制要求较高，适合大型养殖场应用。

2. 干燥法

（1）塑料大棚自然干燥　塑料大棚自然干燥是一种利用太阳能自然干燥粪便的处理方法。将粪便平铺在塑料棚内地面上，棚内设有两条铁轨，其上装有可活动的、带有风扇的干燥搅拌机，粪便在太阳光的照射下自然干燥发酵。具有投资小、易操作、成本低等优点，但存在处理规模小、土地占用量大、生产效率低、不能彻底灭菌、受天气影响大等缺点。

（2）高温快速干燥　高温快速干燥是我国20世纪90年代广泛采用的方法之一，是采用煤、电产生的能量进行人工干燥。干燥机大多为回转式滚筒，原来鸡粪中含水量为70%～75%，经过滚筒干燥，在短时间内（约12s）受到500～550℃高温作用，鸡粪中的水分可降低到13%以下。该方法的优点是不受季节、天气的限制，可连续、大批量生产；设备占地面积小；由鸡舍来的干鸡粪和由粪水中分离出的干物质，可直接送入高温烘干机；能保留鸡粪的养分（只损失4%～6%），同时可达到去臭、灭菌、除杂草等效果。但其缺点是一次性投资较大，煤、电等能耗较大，干燥处理时易产生强烈的恶臭。

（3）烘干法　烘干法是将鸡粪倒入烘干箱内，经70℃烘2h、140℃烘1h或180℃烘30min，可达到干燥、灭菌、耐储藏的效果。该方法的缺点是烘干时耗能多，处理产生臭气，并且高温条件下氮会有损失。

（4）热喷法　热喷法是一种能大批量处理畜禽粪便，使之转化为再生饲料的技术。鲜鸡粪经预干或加入干料使水分降低到30%以下时装入压力罐内，然后持续通入由锅炉产生的高温、高压蒸汽，几分钟后再进行全压喷放，所得的热喷物料已不含虫菌且细碎、膨松、无臭味。其缺点是对原料含水率要求高、能耗大、生产能力低，且经过热喷处理后的鸡粪含水量仍较高，不耐储藏。

（5）微波干燥　采用大型的微波设备干燥鸡粪，一方面，微波的热效应使鸡粪温度升高，蒸发其中的水分；另一方面，微波的强大电场能破坏多种高分子的结构，引起蛋白质、酸和生理活性物质的变性，达到杀菌灭虫的效果。微波干燥降水速度快，除臭杀菌效果好。但由于微波处理的最佳进料湿度为35%，鲜粪必须做前期干燥处理，而且处理过程中降水幅度较小、投资大、处理成本高，且要使用大量电能，故推广应用困难。

3. 焚烧法

由于畜禽粪便的主要固态物质是有机物，其中有机碳含量高达25%～30%，可借用垃圾焚烧处理技术，在焚烧炉（800～1 000℃）下充分燃烧成为灰渣，产生的热量可用于发电等。焚烧法可使畜禽粪便在较短时间内减量90%以上，并杀灭粪便中的有害病菌和虫卵。但焚烧法投资大、处理费用昂贵，在燃烧处理时会使一些有利用价值的营养元素被烧掉，造成资源的浪费，并且

燃烧时释放大量 CO_2 和其他有害气体，产生二次污染，故不宜提倡，一般在处理病死畜禽尸体时才采用。

（二）粪便的利用

1. 肥料化利用

畜禽粪便中含有大量的有机物及丰富的氮、磷、钾等营养物质，是农业可持续发展的宝贵资源。粪便作肥料之前一般要经过处理，当前研究得最多的是好氧堆肥法。好氧堆肥是处理各种有机废物的有效方法之一，是一种集处理和资源循环再生利用于一体的生物方法。这种方法处理粪便的优点在于最终产物臭气少，且较干燥，容易包装、撒施，而且有利于作物的生长发育。

（1）好氧堆肥基本工艺　尽管好氧堆肥系统多种多样，但其基本工序通常都由前处理、主发酵（一次发酵）、后发酵（二次发酵）、后处理及储存等工序组成。工艺流程见图128。

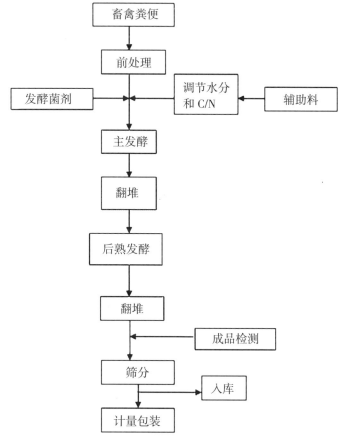

图128　好氧堆肥生产有机肥工艺流程

1）前处理　在以畜禽粪便为堆肥原料时，前处理主要是调整水分和碳氮比。调整后应符合下列要求：粪便的起始含水率应为40%～60%；碳氮比应为（20～30）：1，可通过添加植物秸秆、稻壳等物料进行调节，必要时需添加菌剂和酶制剂；pH应控制在6.5～8.5。前处理还包括破碎、分选、筛分等工序，这些工序可去除粗大垃圾和不能堆肥的物质，使堆肥原料和含水率达到一定程度的均匀化；同时原料的表面积增大，更便于微生物的繁殖，提高发酵速度。从理论上讲，粒径越小越容易分解。但是，考虑到在增加物料表面积的同时，还必须保持一定的孔隙率，以便于通风而使物料能够获得充足的氧气。一般而言，适宜的粒径范围是12～60mm。

2）主发酵　主发酵可在露天或发酵装置内进行，通过翻堆或强制通风向堆积层或发酵装置内供氧。在原料和土壤中存在的微生物作用下开始发酵。首先是易分解物质分解，产生二氧化碳和水，同时产生热量，使堆温上升，这时微生物吸取有机物的硫、氮营养成分，在细菌自身繁殖的同时，将细胞中吸收的物质分解而产生热量。发酵初期物质的分解作用是靠嗜温菌（30～40℃为其最适宜生长温度）进行的，随着堆温的上升，适宜45～65℃生长的嗜热菌取代了嗜温菌。通常，将温度升高到开始降低为止的阶段为主发酵阶段。以生活垃圾和畜禽粪尿为主体的好氧堆肥，主发酵期4～12d。

3）后发酵　经过主发酵的半成品被送到后发酵工序，将主发酵工序尚未分解的有机物进一步分解，使之变成腐殖酸、氨基酸等比较稳定的有机物，得到完全成熟的堆肥制品。通常，把物料堆积到1～2m高以进行后发酵，并要有防雨水流入的装置，有时还要进行翻堆或通风。后发酵时间的长短，决定于堆肥的使用情况。例如，堆肥用于温床（能够利用堆肥的分解热）时，可在主发酵后直接使用；对几个月不种作物的土地，大部分可以不进行后发酵而直接施用；对一直在种作物的土地，则要使堆肥进行到能不致夺取土壤中氮的程度。后发酵时间通常在20～30d。

4）储存　堆肥一般在春、秋两季使用，夏、冬两季生产的堆肥只能储存，所以要建立储存6个月生产量的库房。储存方式可直接堆存在二次发酵仓中或袋装，这时要求干燥而透气，如果密闭和受潮则会影响制品的质量。

5）脱臭　在堆肥过程中，由于堆肥物料局部或某段时间内的厌氧发酵会导致臭气产生，污染工作环境，因此，必须进行堆肥排气的脱臭处理。去除臭气的方法主要有化学除臭剂除臭、碱水和水溶液过滤、熟堆肥或活性炭、沸石等吸附剂过滤。较为常用的除臭装置是堆肥过滤器，臭气通过该装置时，恶臭成分被熟化后的堆肥吸附，进而被其中好氧微生物分解而脱臭。也可用特种土壤代替熟堆肥使用，这种过滤器叫土壤脱臭过滤器。若条件许可，也可采用热力法，将堆肥排气（含氧量约为18%）作为焚烧炉或工业锅炉的助燃空气，利用炉内高温，热力降解臭味分子，消除臭味。

（2）好氧堆肥方法 目前，好氧堆肥方法应用较普遍的通常有5种：翻堆式条堆法、静态条堆法、发酵槽发酵法、滚筒式发酵法与塔式发酵法。

1）翻堆式条堆法 将畜禽粪便、谷糠粉等物料和发酵菌经搅拌充分混合，水分调节在55%～65%，堆成条堆状（图129）。典型的条形堆宽为4.5～7.5m，高为3～3.5m，长度不限，但最佳尺寸要根据气候条件、翻堆设备、原料性质而定。每2～5d可用机械或人工翻垛一次，35～60d腐熟。此种形式的特点是投资较少，操作简单，但占地面积较大，处理时间长，易受天气的影响，易对地表水造成污染，适用于中小型养殖场。

图129 翻堆式条堆法

2）静态条堆法 这是翻堆式条堆法的改进形式，在发达国家普遍使用。静态条堆法与翻堆式条堆法的不同之处在于：堆肥过程中不进行物理的翻堆进行供氧，而是通过专门的通风系统进行强制供氧。通风供氧系统是静态条堆法的核心，它由高压风机、通风管道和布气装置组成。根据是正压还是负压通风，可把强制通风系统分成正压排气式和负压吸气式两种（图130）。静态条堆法的优点在于：相对于翻堆式条堆法，其温度及通气条件能得到更好控制；产品稳定性好，能更有效地杀灭病原菌及控制臭味；堆腐时间相对较短，一般为2～3

周；由于堆腐期相对较短，占地面积相对较小。

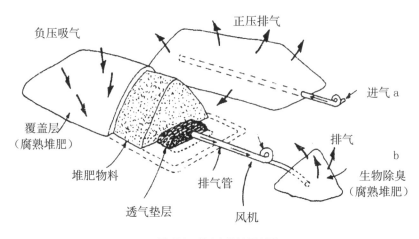

图 130　静态条堆法示意图

a. 正压排气通风　b. 负压吸气通风

3）发酵槽发酵法　发酵槽发酵法是目前国内较流行的一种堆肥系统，它是将待发酵物料按照一定的堆积高度放在一条或多条发酵槽内，在堆肥化过程中根据物料腐熟程度与堆肥温度的变化，每隔一定时期，通过用翻堆设备对槽内的物料进行翻动，让物料在翻动过程中能更好地与空气接触，见图 131。发酵槽式堆肥系统通常由四部分组成：槽体装置、翻堆设备、翻堆机运转设备、布料及出料设备。该形式操作简单，生产环境较好，适用于大中型养殖场。

图 131　发酵槽发酵法

图 132　滚筒式发酵机

4）滚筒式发酵法　发酵滚筒（图 132）为钢结构，并设有驱动装置，安装成与地面倾斜 1.5°～3°，采用皮带输送机将物料送入滚筒，滚筒定时旋转，一方面使物料在翻动中补充氧气，另一方面，由于滚筒是倾斜的，在滚筒转动过程中，物料由进料端缓慢向出料端移动。当物料移出滚筒时，物料已经腐熟。该形式自动化程度较高，投资相对较低，且生产环境较好，适用于中小型养殖场。

5）塔式发酵法　主要有多层搅拌式发酵塔（图133a）和多层移动床式发酵塔（图133b）两种。多层搅拌式发酵塔被水平分隔成多层，物料从仓顶加入，在最上层靠内拨旋转搅拌耙子的作用，边搅拌翻料，边向中心移动，然后从中央落下口下落到第二层。在第二层的物料则靠外拨旋转搅拌耙子的作用，从中心向外移动，并从周边的落下口下落到第三层，以下依此类推。可从各层之间的空间强制鼓风送气，也可不设强制通风，而靠排气管的抽力自然通风。塔内前二、三层物料受发酵热作用升温，嗜温菌起主要作用，到第四、第五层进入高温发酵阶段，嗜热菌起主要作用。通常全塔分5～8层，塔内每层上物料可被搅拌器耙成垄沟形，可增加表面积，提高通风供氧效果，促进微生物氧化分解活动。一般发酵周期为5～8d，若添加特殊菌种作为发酵促进剂，可使堆肥发酵时间缩短到2～5d。这种发酵仓的优点在于搅拌很充分，但旋转轴扭矩大，设备费用和动力费用都比较高。除了通过旋转搅拌耙子搅拌、输送物料外，也可用输送带、活动板等进行物料的传送，利用物料自身重力向下散落，实现物料的混合和获得氧气。图133b所示是多层移动床式发酵塔，其工作过程与多层搅拌式发酵塔基本相同。

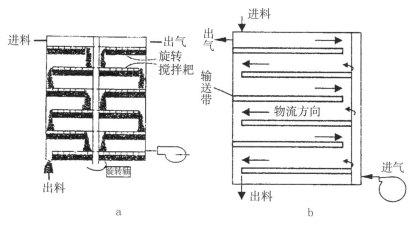

图133　多层发酵塔
a. 搅拌式　b. 移动床式

2. 能源化利用

畜禽粪便转化成能源主要有两种方法：一种是将畜禽粪便直接投入专用炉中焚烧，供应生产用热；一种是进行厌氧发酵生产沼气，为生产生活提供能源。

畜禽粪便生产沼气可采用干发酵技术，即将高含固率的畜禽粪便直接作为发酵原料，利用厌氧微生物发酵产生沼气，反应体系中的固体含量（TS）通常在20%～40%。干发酵技术具有系统稳定、处理量大、占地面积小等优势，其容积产气率较传统湿式发酵高2～3倍，且发酵残余物含固率较高，避免了发酵沼液处理处置困难等问题。但是，由于干发酵底物固体含量较高，接种物与底物混合困难，因此导致发酵过程传质、传热均存在一定问题。

3. 饲料化利用

畜禽粪便特别是鸡粪中含有大量未消化的蛋白质、B族维生素、矿物质元素、粗脂肪和一定数量的碳水化合物，氨基酸品种比较齐全，且含量丰富，所以经过青贮、干燥加工等处理后可成为较好的饲料资源。

二、污水的处理与利用

（一）常见污水处理利用模式

1. 沉淀处理还田模式

3个沉淀池串联在一起（图134），第一级主要起沉淀作用，也有部分有机物质进行分解；第二、第三级处于厌氧消化状态，主要对污水中溶解的有机质进行厌氧分解。污水在3个沉淀池内进行沉淀、处理，处理后出水供周边农田或果园利用，池底沉积粪污作为有机肥直接利用或和固体粪便一起进行有机肥生产。

图134　三级沉淀池

沉淀池大小需根据养殖量确定，但池体容积最低不得小于50m³；池体有效深度一般为1.5～2m。三级沉淀池建设可采用砖混结构，为防止池底渗透，底部采用钢筋混凝土浇筑。池体四周墙采用砖砌24墙，墙面水泥抹浆，浆厚度不得低于10mm。池顶加盖预制板，防止雨水进入。每格池体进、出水口均开口于隔墙顶部一侧，左右交错，进出口、漫溢口均设栏网，便于固液分离，适当减缓流速，截留浮渣，提升沉淀效果。

该方法沉淀池建设简单，操作方便，成本较低，但对粪污处理不够彻底，处理效率低下，需要经常清淤，且周边要有大量农田消纳粪污。

2. 生态利用模式：厌氧发酵（沼气池处理）＋还田

该模式就是将污水厌氧消化后，出水灌溉农田或果园，沼液、沼渣作为有机肥还田利用的一种能源生态型处理模式。

主要工艺流程（图135）：污水经过格栅，将残留的干粪和残渣拦截并清除，清除出的残渣出售或生产有机肥。而经过格栅拦截后的污水则进入厌氧消化池进行沼气发酵。发酵后的出水、沼液还田利用，沼渣可直接还田或制造有机肥。

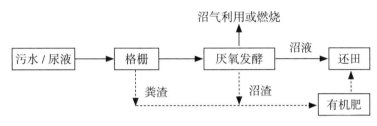

图135　污水生态利用模式工艺流程

该模式实现了养殖—沼气—种植结合，没有沼渣、沼液的后处理环节，投资相对较省，能耗低，而且不需专人管理，运转费用低；但需要有大量农田来消纳沼渣和沼液，要有足够容积的储存池来储存暂时没有施用的沼液。这种模式适用于气温较高、土地宽广、有足够的农田消纳养殖场粪污的农村地区，特别是种植常年施肥作物，如蔬菜、经济类作物的地区。

3. 深度处理模式：污水深度处理达到排放标准

该模式是污水经厌氧发酵等工艺处理后，厌氧出水必须再经过进一步处理，达到国家和地方排放标准，既可以达标排放，也可以作为灌溉用水或场区回用。

主要工艺流程（图136）：养殖场污水经过预处理，去除大的悬浮物并经水质、水量调节后，进行厌氧生物处理，厌氧出水通常有机质含量仍较高，达不到排放标准，所以进入好氧单元进行好氧生物处理。厌氧处理产生的沼渣可和固态粪便一起制造有机肥，沼气可经净化处理后通过输配气系统，用于居民生活用气、锅炉燃烧、沼气发电等。经过好氧处理后，为保证处理污水达到排放标准，可根据可供利用的土地资源面积和适宜的场地条件，在通过环境影响评价和技术经济比较后，选用适宜的自然处理工艺进行深度处理。

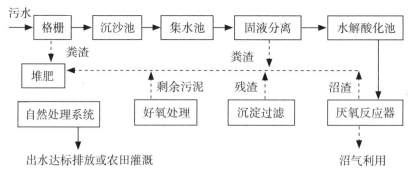

图 136 污水深度处理模式工艺流程

污水深度处理模式占地少，适应性广，几乎不受地理位置、气候条件的限制，而且治理效果稳定，处理后的出水可达行业排放标准；缺点是投资大，能耗高，运行费用大，机械设备多，维护管理复杂，规模小的养殖场较难承受。该模式主要适用于生态敏感地区以及周围土地紧张、没有足够的土地来消纳粪污，且污水产生量较大的规模化养殖场。

（二）废水处理方法

1. 物理处理

（1）筛滤法　筛滤法是利用机械截留作用，以分离或回收废水中较大的固体污染物质。使用的处理构筑物有格栅和筛网。格栅一般设在处理系统的首位，栅条间距应小于去除污染固体物中最小颗粒尺寸，一般介于 15 ～ 50mm。筛网过滤装置适用于滤除废水中的较细小的悬浮物。

（2）沉淀法　沉淀法主要是利用重力作用使水中比重较大的悬浮物质下沉。沉淀法是废水处理最基本的方法之一，几乎用于所有的废水处理系统中。使用的构筑物有沉淀池、沉沙池等。按照沉淀池在废水处理中的作用不同，又分为初次沉淀池与二次沉淀池。前者常位于生物处理构筑物之前用作预处理，后者设于生物处理构筑物之后，用以分离活性污泥或生物膜。沉沙池是用以处理废水中的沙粒以及其他较大的无机颗粒。

（3）过滤法　过滤法通过颗粒材料（如沙砾）或多孔介质（如滤布、微孔管）以截留分离废水中较小的悬浮物质，常用的设备有沙滤池、微孔滤管等。

（4）离心分离法　离心分离法是利用机体转动产生离心力，使与废水比重不同的微小悬浮物或乳化油等进行分离，常用的设备有离心机、旋流分离器等。

2. 厌氧生物处理

（1）上流式厌氧污泥床反应器　上流式厌氧污泥床反应器（UASB）（图

137)。废水自下而上地通过厌氧污泥床反应器,在反应器的底部有一个高浓度、高活性的污泥层,大部分的有机物在这里被转化为 CH_4 和 CO_2。由于气态产物(消化气)的搅动和气泡黏附污泥,在污泥层之上形成一个污泥悬浮层。反应器的上部设有三相分离器,完成气、液、固三相的分离。被分离的消化气从上部导出,被分离的污泥则自动没落到悬浮污泥层,出水则从澄清区流出。

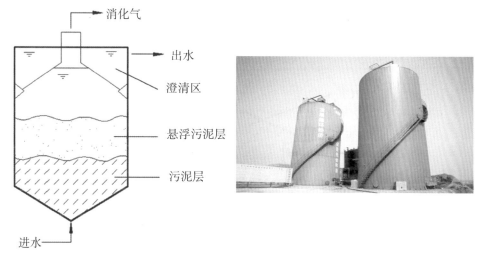

图 137　上流式厌氧污泥床反应器

上流式厌氧污泥床反应器的优点是:反应器内的污泥浓度高,水力停留时间短;反应器内设三相分离器,污泥自动回流到反应区,无须污泥回流设备,无须混合搅拌设备;污泥床内不需填充载体,节省造价且避免堵塞。缺点是反应器内有短流现象,影响处理能力;难消化的有机固体、SS 不宜太高;运行启动时间长,对水质和负荷变化较敏感。

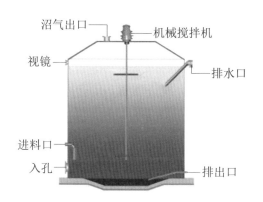

图 138　完全混合厌氧反应器

(2)完全混合厌氧反应器　完全混合厌氧反应器是在一个密闭罐体内完成

189

料液发酵并产生沼气（图138）。反应器内安装有搅拌装置，使发酵原料和微生物处于完全混合状态。投料方式采用恒温连续投料或半连续投料运行。新进入的原料由于搅拌作用很快与反应器内的全部发酵液菌种混合，使发酵底物浓度始终保持相对较低状态。为了提高产气率，通常需对发酵料液进行加热，一般用在反应器外设热交换器的方法间接加热或采用蒸汽直接加热。

完全混合厌氧反应器的优点是投资小、运行管理简单，适用于 SS 含量较高的污水处理；缺点是容积负荷率低，效率较低，出水水质较差。

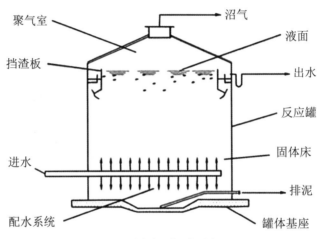

图 139　升流式固体厌氧反应器

（3）升流式固体厌氧反应器　升流式固体厌氧反应器（USR）（图139），是一种结构简单、适用于高悬浮固体有机物原料的反应器。原料从底部进入消化器内，与消化器里的活性污泥接触，使原料得到快速消化。未消化的有机物固体颗粒和沼气发酵微生物靠自然沉降滞留于消化器内，上清液从消化器上部溢出，这样可以得到比水力滞留期高得多的固体滞留期（SRT）和微生物滞留期（MRT），从而提高了固体有机物的分解率和消化器的效率。

升流式固体厌氧反应器处理效率高，不易堵塞，投资较省、运行管理简单，容积负荷率较高，适用于含固量很高的有机废水。缺点是结构限制相对严格，单体体积较小。

3. 好氧生物处理

（1）序批式活性污泥法　序批式活性污泥法（SBR）是活性污泥法的一种变型，它的反应机制以及污染物质的去除机制与传统活性污泥基本相同，仅运行操作不同。SBR工艺是按时间顺序进行进水、反应（曝气）、沉淀、出水、排泥等五个程序操作，从污水的进入开始到排泥结束称为一个操作周期，一个周期均在一个设有曝气和搅拌装置的反应器（池）中进行。这种操作通过微机程序控制周而复始反复进行，从而达到污水处理之目的。

SBR工艺最显著的工艺特点是不需要设置二沉池和污水、污泥回流系统；通过程序控制合理调节运行周期使运行稳定，并实现除磷脱氮；占地少，投资省，基建和运行费低。

（2）氧化沟 又名氧化渠（图140），因其构筑物呈封闭的环形沟渠而得名，它是活性污泥法的一种变型。该工艺使用一种带方向控制的曝气和搅动装置，向反应池中的物质传递水平速度，从而使被搅动的污水和活性污泥在闭合式渠道中循环。

图140 氧化沟

氧化沟法特点是有较长的水力停留时间、较低的有机负荷和较长的污泥龄；相比传统活性污泥法，可以省略调节池、初沉池、污泥消化池，处理流程简单，超作管理方便；出水水质好，工艺可靠性强；基建投资省，运行费用低。但是，在实际的运行过程中，仍存在一系列的问题，如产生污泥膨胀问题，流速不均及污泥沉积问题，污泥上浮问题等。

4. 自然处理

（1）人工湿地 是由人工建造和控制运行的与沼泽地类似的地面（图141）。将污水、污泥有控制地投配到经人工建造的湿地上，污水与污泥在沿一定方向流动的过程中，主要利用土壤、人工介质、植物、微生物的物理、化学、生物三重协同作用，对污水、污泥进行处理的一种技术。其作用机制包括吸附、滞留、过滤、氧化还原、沉淀、微生物分解、转化、植物遮蔽、残留物积累、蒸腾水分和养分吸收及各类动物的作用。

图 141　人工湿地

人工湿地处理系统可以分为以下几种类型：自由水面人工湿地处理系统，人工潜流湿地处理系统，垂直水流型人工湿地处理系统。人工湿地处理系统具有缓冲容量大、处理效果好、工艺简单、投资省、运行费用低等特点。

人工湿地适用于有地表径流和废弃土地、常年气温适宜的地区，选用时进水 SS 宜控制为小于 500mg/L，应根据污水性质及当地气候、地理实际状况，选择适宜的水生植物。

（2）土地处理　土地处理是通过土壤的物理、化学作用以及土壤中微生物、植物根系的生物学作用，使污水得以净化的自然与人工相结合的污水处理系统。

土地处理系统通常由废水的预处理设施、储水湖、灌溉系统、地下排水系统等部分组成。处理方式有地表漫流、灌溉、渗滤 3 种。采用土地处理应采取有效措施，防止污染地下水。

（3）稳定塘　旧称氧化塘或生物塘，是一种利用天然净化能力对污水进行处理的构筑物的总称。其净化过程与自然水体的自净过程相似。通常是将土地进行适当的人工修整，建成池塘，并设置围堤和防渗层，依靠塘内生长的微生物及菌藻的共同作用来处理污水。

稳定塘污水处理系统能充分利用地形，结构简单，可实现污水资源化和污水回收及再用。具有基建投资和运转费用低、运行维护简单、便于操作、无须污泥处理等优点。缺点是占地面积过多；气候对稳定塘的处理效果影响较大；若设计或运行管理不当，则会造成二次污染。

稳定塘适用于有湖、塘、洼地可供利用且气候适宜、日照良好的地区。蒸发量大于降水量地区使用时，应有活水来源，确保运行效果。稳定塘宜采用常规处理塘，如兼性塘、好氧塘、水生植物塘等。

三、其他废弃物的处理与利用

（一）畜禽尸体的处理与利用

1. 土埋法

土埋法是将畜禽尸体直接埋入土壤中，在厌氧条件下微生物分解畜禽尸体，杀灭大部分病原生物。土埋法适用于处理非传染病死亡的畜禽尸体。采用土埋法处理动物尸体，应注意：安全填埋井应远离畜舍、放牧地、居民点和水源；安全填埋井应地势高燥，防止水淹；畜禽尸体掩埋深度应不小于 2m；在安全填埋井周围应洒上消毒药剂；在兽坟四周应设保护设施，防止野兽进入翻刨尸体。

2. 焚烧法

焚烧法是将动物尸体投入焚尸炉焚毁。用焚烧法处理尸体消毒最为彻底，但需要专门的设备，消耗能源。焚烧法一般适用于处理具有传染性疾病的动物尸体。

3. 生物热坑法

生物热坑应选择在地势高燥、远离居民区、水源、畜禽舍、工矿区的区域，生物热坑坑底和四周墙壁应有良好的防水性能。坑底和四周墙壁常以砖砌或用涂油木料制成，应设防水层。一般坑深 7～10m，宽 3m。坑上设两层密封锁盖。凡是一般性死亡的畜禽，随时抛入坑内，当尸体堆积至距坑口 1.5m 左右时，密闭坑口。坑内尸体在微生物的作用下分解，分解时温度可达 65℃ 以上，通常密闭坑口后 4 个月，可全部分解尸体。用这种方法处理尸体不但可杀灭一般性病原微生物，而且不会对地下水及土壤产生污染，适合对畜牧场一般性尸体进行处理。

4. 蒸煮法

蒸煮法是将动物尸体用锅或锅炉产生的蒸汽进行蒸煮，以杀灭病原。蒸煮法适用于处理非传染性疾病且具有一定利用价值的动物尸体。

我国《畜禽养殖业污染防治技术规范》（HJ/T 81—2001）规定了病死禽畜尸体处理应采用焚烧炉焚烧或填埋的方法。在养殖场比较集中的地区，应集中设置焚烧设施，同时对焚烧产生的烟气应采取有效的净化措施；不具备焚烧条件的养殖场应设置两个以上的安全填埋井，进行填埋时，在每次投入畜禽尸体后，应覆盖一层厚度大于 10cm 的生石灰，井填满后，须用黏土填埋压实并封口。病死畜禽尸体要及时处理，严禁随意丢弃，严禁出售或作为饲料再利用。

（二）畜禽垫草、垃圾的处理与利用

畜牧场废弃的垫草及场内生活和各项生产过程产生的垃圾除和粪便一起用于生产有机肥或生产沼气外，还可在场内下风处选一地点焚烧，焚烧后的灰用土覆盖，发酵后可变为肥料。

四、臭气的控制

（一）臭气的产生及危害

养殖场有味气体来源于多个方面，如动物呼吸、动物皮肤、饲料、死禽死畜、动物粪尿和污水等，其中动物粪尿和污水在堆放过程中有机物的腐败分解是养殖场气味的主要发生源，它们一般来自养殖舍地面、粪水储存池、粪便堆放场等。

另外，不仅部分有害气体分子会吸附在微小尘粒上、建筑物表面上、人和动物身体上，长时间不散去，污染养殖舍内的空气，导致疾病的传播；吸附有这些气体分子的微小尘粒还会随风飘散，散播到很远的地方，导致养殖场区和附件居民区空气质量的下降，对居民的健康造成一定威胁。由于这些有害气体对环境的污染不只局限在地表面上，还有空间的、立体的，因此，从某种意义上讲，养殖场的臭气对环境的影响不低于固态粪便和污水。

（二）影响臭气产生及扩散的因素

影响臭气产生和扩散的主要因素主要有以下几个方面：

1. 畜禽对饲料的消化和利用率

日粮中营养物质不完全吸收是畜禽舍恶臭和有害气体产生的主要因素。提高日粮营养物质消化率，尤其是提高饲料中氮和磷的利用率，降低畜禽粪便氮和磷的排出，是解决养殖场恶臭的关键所在。

2. 畜禽养殖场的选址

畜禽养殖场的规划、布局若不合理，会对日后生产产生不利影响，且要为环境保护付出很高的代价。例如，养殖场若建在对环境要求较高的区域或建在离居民区较近的区域，为达到环保要求或减少居民的埋怨，养殖场就必须付出很大代价，以保证环境质量。

3. 畜禽舍的设计

畜禽舍设计合理与否与养殖场臭气的散布快慢有很大关系。不正确的排水系统、畜禽舍地面排水不畅等均会增加臭气的产生及散发。

4. 畜禽养殖管理

畜禽养殖管理不当也会增加恶臭的生成和散发。如畜禽舍内不及时清粪、不加强通风；畜禽粪便、污水储存方式不当；施肥方法不正确等均会导致恶臭的产生和传播。

（三）臭气控制

1. 吸收与吸附法

（1）吸收法　吸收法是利用恶臭气体的物理或化学性质，用适当的液体作为吸收剂，使恶臭气体与其接触，并使这些有害组分溶于或与吸收剂发生反应，气体得到净化。

用水作吸收液吸收氨气、硫化氢气体时，其脱臭效率主要与吸收装置中液气比有关。当温度一定时，液气比越大，则脱臭效率也越高。水吸收的缺点是耗水量大、废水难以处理。因为在常温、常压下，气体在水中的溶解度很小，并且很不稳定，当外界因素如温度、溶液 pH 变动或者搅拌、曝气时，臭气有可能从水中重新逸散出来，造成二次污染。

使用化学吸收液时，由于在吸收过程中伴随着化学反应，生成物性质一般较稳定，因而脱臭效率较高，且不易造成二次污染。选择吸收方式时，应尽可能选择化学吸收，这样可以提高脱臭效果，同时也可节省大量用水。恶臭气体浓度较高时一级吸收往往难以满足脱臭的要求，此时可采用二级、三级或多级吸收。对复合性恶臭也可使用几种不同的吸收液分别吸收。

（2）吸附法　气体被附着在某种材料外表面的过程称为吸附。吸附的效率取决于材料的孔隙度；此外吸附的效果还取决于被处理气体的性质。一般来说，溶解度高、易于转化成液体的气体的吸附效果较好。吸附方法简单、方便，但使用一段时间后需要更换或重新活化吸附材料，因而会增加成本。吸附法比较适于低浓度（小于 5mg/L）有味气体的处理。

天然沸石是一种含水的碱金属或含碱土金属的铝硅酸盐矿物，有很大的吸附表面和很多大小均一的空腔和通道，可选择性地吸附胃肠中的细菌及 NH_4、H_2S、CO_2、SO_2 等有毒物质，同时由于它的吸水作用，降低了畜禽舍内空气湿度和粪便水分，减少了氨气等有害气体的产生。与沸石结构相似的海泡石、膨润土、蛭石、硅藻石等矿物也有类似的吸附作用。

2. 化学与生物除臭剂法

化学除臭剂可通过化学反应把有味的化合物转化为无味或较少气味的化合物。化学物质对畜禽粪的保氮除臭原理有两个方面：一是氧化剂类物质对粪肥中的挥发性物质氨等发生氧化作用而减少挥发；二是中和剂类物质对粪肥中的挥发性物质氨等发生酸碱中和反应而减少挥发。

常用的化学氧化剂有高锰酸钾、重铬酸钾、硝酸钾、过氧化氢、次氯酸盐和臭氧等，其中高锰酸钾除臭效果相对较好。臭氧是一种比较强的氧化剂，它的主要作用是杀灭那些能产生挥发性有机化合物的微生物，同时把那些有味的化合物氧化降解成无味或较少气味的化合物。除了使用比较普遍的氧化剂外，还有抗活性剂和表面活化剂等。抗活性剂可与有味气体化合物结合以减少气味的产生；表面活性剂则可通过在有味化合物表面形成一层薄膜并与有味化合物产生化合反应，从而减少气味的产生。

除臭固化剂是化学处理粪便的发展产物，是采用在多种氧化物中加入一定比例的化学盐及少量的植物激素，冷加工成的细微颗粒，其表面孔隙多、表面积大、吸附力强。由于这些物质经高温灼烧而成，化学性质十分稳定，因而不会造成环境污染。固化剂与粪便混合后，将粪便中的营养成分固定下来，改变粪中环球菌繁殖所需的酸性条件，从而抑制它们的繁殖数量，防止其大量分解释放硫化氢气体，达到除臭目的。试验研究表明，经除臭固化剂处理过的鸡粪，肥效高、肥效快而持久，能提高花芽分化率，是花果种植的优质肥料。

生物除臭剂（如生物助长剂和生物抑制剂等），可通过控制（抑制或促使）微生物的生长来减少有味气体的产生。生物助长剂包括活的细菌培养基、酶或其他微生物生长促进剂等。通过这些助长剂的添加可加快动物粪便降解过程中有味气体的生物降解过程，从而减少有味气体的产生。生物抑制剂的作用却相反，它是通过抑制某些微生物的生长以控制或阻止有机物质的降解进而控制气味的产生。如用生物发酵床垫料处理猪粪便，其方法是在猪床面上先铺一层锯末，再撒上一层可以分解粪尿的微生物，这些微生物可在短时间内将猪粪中的蛋白质分解，把氨气变成硝酸、硫化氢变成硫酸，达到除臭目的。但这种方法在夏季很可能造成病原菌繁殖。

3. 生物过滤与生物洗涤法

生物过滤和生物洗涤就是在有氧条件下，利用好氧微生物的活动，把有味气体转化为无味或较少气味气体的方法。

生物过滤器（图142）由具有一定孔隙度的生物滤床及相应的供氧系统等组成。在生物滤床内部布置有一些带有小孔的管道，污染的空气经风机送入管道后通过小孔被均匀地分布到滤床中。送入的空气被吸附在生物滤床材料的表面和含水层中，为滤床中的微生物提供氧气，并作为微生物的养分被消化利用，有味的气体被转化为无味或少味的气体。生物过滤过程实际上是一个十分复杂的生物、物理与化学的过程，包括吸附、吸收、生物氧化等多方面的作用。由于生物过滤依靠的是好氧微生物的活动，因此向滤床中提供足够的氧气是十分重要的，一般认为 $35 \sim 180 m^3/hm^2$ 是比较适宜的通风量。生物滤料对除臭效果起决定性的作用，常用的滤床材料有土壤、泥炭、堆肥和树皮等。堆肥含有大量的微生物菌群，其颗粒也有较大的表面积，被认为是最好的滤床材料之一。堆肥材料的缺点是随着时间的延长，孔隙度会下降，颗粒尺寸会减小，因而会降低处理效果。在堆肥中添加黏土、泥炭和聚苯乙烯颗粒可改善其处理性能、延长其使用寿命。

图 142　生物过滤器

生物洗涤器主要由"生物垫"和洗涤供水系统组成。当污染的空气流过"生物垫"时，洗涤水从另一端也同时流过"生物垫"。洗涤水和空气为生长在生物垫上的微生物提供生长所必需的水分和氧气，其中一些有味的气体化合物作为微生物的养分被消化利用，气味的强度因此而降低。"生物垫"是微生物依附生长的地方，初始其上并没有多少期望的微生物，因此，开始时有一个"驯化"期，要等到其上的好氧微生物达到一定的数量后方可投入正常使用。"生物垫"必须保持一定的温度、pH，水流和空气的分布要均匀，以便为微生物生长提供最优的条件。洗涤用水可循环使用，但当其中的某些化学物质（如氨等）达到一定浓度时则需要排放掉，因此，生物洗涤存在一个洗涤废水的出路问题。此外，在气候比较寒冷的地区，微生物的生长活动会受到限制，洗涤效果会降低。研究表明，温度每增加10℃，微生物的降低速率可提高1倍左右。

生物过滤与生物洗涤用于气味的去除投资少、运行成本低，一般不会产生有害物质，是比较有发展前途的生物处理方法。目前，生物除臭技术也得到了新的发展，如利用生物膨胀床技术处理含氨臭气。该装置把有利于脱臭微生物生长的营养液装入反应器中，然后将填料浸在溶液中，废气由底部通入，填料在溶液中成流化悬浮状态，这样就克服了生物过滤法反应条件不易控制的缺点，运行费用也较低，并且操作也比较方便。

III 畜禽场绿化

一、绿化的意义

（一）改善场区小气候

绿化可以明显改善畜牧场内的温度、湿度、气流等状况。在冬季，绿地的平均温度及最高温度均比没有树木低，但最低温度较高，因而缓和了冬季严寒时的气温日较差，气温变化不致太大。夏季，一部分太阳辐射热被树木稠密的树冠所吸收，而树木所吸收的辐射热量，又绝大部分用于蒸腾和光合作用，所以温度的提高并不很大，一般绿地夏季气温比非绿地低3～5℃，草地的地温比空旷裸露地表温度低得多。

绿化可增加空气的湿度。绿化区风速较小，空气的乱流交换较弱，土壤和树木蒸发的水分不易扩散，空气中绝对湿度普遍高于未绿化地区；由于绝对湿度大，平均气温较低，因而相对湿度高于未绿化地区10%～20%，甚至可达30%。绿化树木对风速有明显的减弱作用，因气流在穿过树木时被阻截、摩擦和过筛等作用，将气流分成许多小涡流，这些小涡流方向不一，彼此摩擦可消耗气流的能量，故即使冬季也能降低风速20%，其他季节可达50%～80%。因此，畜牧场植树和绿化裸露地表对改善小气候确有明显效果。

（二）净化空气

畜牧场由于畜禽集中、饲养量大、密度高，在一定的区域内耗氧量大，而由畜禽舍内排出的二氧化碳也比较集中，与此同时，还有少量氨等有害气体一起排出。如果绿化畜牧场环境，由于绿色植物等进行光合作用，吸收大量的二氧化碳，同时又放出氧，所以畜牧场的绿色植物能净化空气。生长中的植物能吸收氨，使畜牧场中污染大气的氨的浓度下降，这些被吸收的氨，在生长中的植物群落所需要的总氮量中占很大比例，有的可达10%～20%，因而可减少对这些植物的施肥量。畜牧场附近的玉米、大豆、棉花或向日葵都会从大气中吸收氨来促进生长；植物还能吸收大气中的二氧化硫、氟化氢等。

（三）减少微粒

大型畜牧场空气中的微粒含量往往很高，在畜牧场内及其四周，如种有高大树木的林带，能净化、澄清大气中的粉尘。植物叶子表面粗糙不平，多绒毛，有些植物的叶子还能分泌油脂或黏液，能滞留或吸附空气中的大量微粒。当含微粒量很大的气流通过林带时，由于风速降低，可使直径大的微粒下降，其余的粉尘及飘尘可滞留在树木枝叶上或为黏液物质及树脂所吸附，使大气中含微粒量大为减少，空气因而较为洁净。在夏季，空气穿过林带时，微粒量下降35.2%～66.5%，微生物减少21.7%～79.3%。由于树木总叶面积大，吸滞烟尘的能力也很大，好像是空气的天然滤尘器。

树叶的气孔多在叶子的背侧，叶正面只有少量的气孔。叶子吸附微粒时，光合作用受到影响，但不致使气孔完全堵塞而死亡。蒙尘林木经雨水淋洗后，又可以再起净化微粒的作用。

草地减少微粒的作用也很显著，除其可吸附空气中的微粒外，还可固定地面的尘土，不使飞扬。

（四）减弱噪声

树木与植被等对噪声具有吸收和反射的作用，可以减弱噪声的强度；树叶的密度越大，则减噪的效果也越显著。栽种树冠大的树木，可减弱畜禽鸣声，对周围居民不会造成明显的影响。

（五）减少空气及水中细菌含量

树木可以使空气中含微粒量大为减少，因而使细菌失去了附着物，数目也相应减少；同时，某些树木的花、叶能分泌一种芳香物质，可以杀死细菌、真菌等。含有大肠杆菌的污水，若从宽 30～40m 的松林流过，细菌数量可减少为原有的 1/18。

（六）防疫、防火作用

畜牧场外围的防护林带和各区域之间种植隔离林带，都可以防止人畜任意往来，减少疫病传播的机会。由于树木枝叶含有大量的水分，并有很好的防风隔离作用，可以防止火灾蔓延，故在畜牧场中进行绿化，可以适当减小各建筑物的防火间隔。

二、畜禽场常规绿化

（一）行政管理区和生活区绿化

该区是与外界社会接触和员工生活休息的主要区域。该区的环境绿化可以适当进行园林式的规划，以提升企业的形象和美化员工的生活环境。为了丰富色彩，宜种植容易栽培和管理的花木。如榕树、构树、大叶黄杨、臭椿，波斯菊、紫茉莉、牵牛、银边翠、美人蕉、葱兰、石蒜等。

（二）场区道路绿化

对场区道路进行绿化，不仅可以起到路面遮阳和排水护坡的作用，还可以减少灰尘、净化空气。道路绿化以采用乔木为主，乔灌木搭配种植。如选种塔柏、冬青、侧柏、杜松等四季常青树种，并配置小叶女贞或黄杨成绿化带。也可种植银杏、杜仲以及牡丹、金银花等，既可起到绿化观赏作用，还能收药材。

（三）畜禽舍及仓库周围的绿化

这些地方是场区绿化的重点部位，在进行设计时应充分考虑利用园林植物的净化空气、杀菌、减噪等作用，要根据实际情况，有针对性地选择对有害气体抗性较强及吸附粉尘、隔音效果较好的树种。对于生产区内的畜禽舍，不宜在其四周密植成片的树林，而应多种植低矮的花卉或草坪，以利于通风，便于有害气体扩散。在堆放饲草及干粗饲料的仓库或堆放处周围，要注意防火，以栽种四季常绿的耐火树种为好，如冬青、珊瑚树等；不可选含大量油脂的针叶树种，如油树、马尾松等。

（四）绿地绿化

畜牧场不应有裸露地面，除植树绿化外，还应种草、种花，搞好环境绿化、美化。

三、边界隔离绿化

（一）场界林带

在畜牧场场界周边，应种植高大的乔木或乔、灌木混合林带，也可规划种植水果类植物带。该林带一般由2～4行乔木组成。在我国北方地区，为了减轻寒风侵袭，降低冻害，在冬季主风向一侧应加宽林带的宽度，一般需种植树木应在5行以上，宽度应达到10m以上。场界绿化带的乔木以高大挺拔、枝叶茂密的杨、柳、榆树、泡桐或常绿针叶树木等为宜；灌木类可选河柳、紫穗槐、侧柏等，起到防风阻沙、安全等作用；水果类可选苹果、葡萄、梨树、桃树、荔枝、龙眼、柑橘等。

（二）场区隔离带

在畜牧场各功能区之间或不同单元之间，可以以乔木和灌木混合组成隔离林带或以栽种刺笆为主，防止人员、车辆及动物随意穿行，起到防疫、隔离、安全等作用。这种林带一般中间种植1～2行乔木，两侧种植灌木，宽度以3～5m为宜。树种一般可采用绿篱植物小叶杨树、松树、榆树、丁香、榆叶等；刺笆可选陈刺、黄刺梅、红玫瑰、野蔷薇、花椒等。

四、遮阳与防暑绿化

由于绿化对改善场区小气候作用很大，所以一般在畜禽舍南侧和西侧，或在运动场周围和中央种植树木或植物进行遮阳防暑。

种植时应根据树种特点和太阳高度角，确定适宜的植树位置。绿化的树种应选主干高、树冠大的落叶乔木，同时树应种于畜禽舍窗间壁处，以免影响采光。还可搭架种植爬蔓植物，使南墙、窗口和屋顶上方形成绿荫棚。爬蔓植物宜穴栽，穴距不宜太小，垂直攀爬的茎叶需注意修剪，以免生长过密，影响畜禽舍通风与采光。

在运动场的南、东、西三侧，应设1～2行遮阳林。一般可选择枝叶开阔，生长势强，冬季落叶后枝条稀少的树种，如杨树、槐树、法国梧桐等。在运动场内植树，宜用砖石砌筑树台，以免畜禽破坏树木。

$I\!V$ 畜禽场灭鼠灭虫

一、防治鼠害

（一）鼠的危害

鼠是许多疾病的储存宿主，通过排泄物污染、机械携带及直接咬伤畜禽的方式，不仅传播人类各种传染病，而且直接或间接传播畜禽传染病，主要有鼠疫、钩端螺旋体病、脑炎、流行性出血热、鼠咬热等。因此，鼠可形成人或各种动物传染病的疫源地，造成人和动物疾病的流行。

鼠盗食粮种，糟蹋粮食和饲料；盗食树种，毁坏树苗，影响绿化；鼠会咬伤畜禽，造成畜禽应激，破坏畜禽厩舍建筑及养殖场设备等，对养殖业危害极大。

（二）防鼠

1. 防止鼠进入建筑物

鼠为啮齿动物，啃咬能力强，善于挖洞、攀登。当畜禽舍的基础不坚实或封闭不严密时，鼠常常通过挖洞或从门窗、墙基、天棚、屋顶等处咬洞窜入室内。因此，加强建筑物的坚固性和严密性是防止鼠进入畜舍，减少鼠害的重要措施。要求畜禽舍的基础坚固，以混凝土砂浆填满缝隙并埋入地下 1m 左右；舍内铺设混凝土地面；门窗和通风管道周边不留缝隙，通风管口、排水口设铁栅等防鼠设施；屋顶用混凝土抹缝，烟囱应高出屋顶 1m 以上，墙基最好用水泥制成，用碎石和砖砌墙基，应用灰浆抹缝。墙面应平直光滑，以防鼠沿粗糙墙面攀登。砌缝不严的空心墙体，易使鼠藏匿营巢，要填补抹平。为防止鼠爬上屋顶，可将墙角处做成圆弧形。墙体上部与天棚衔接处应砌实，不留空隙。瓦顶房屋应缩小瓦缝和瓦、椽间的空隙并填实。用砖、石铺设的地面和畜床，应衔接紧密并用水泥灰浆填缝。各种管道周围要用水泥填平。通气孔、地脚窗、排水沟（粪尿沟）出口均应安装孔径小于 1cm 的铁丝网，以防鼠窜入。

2. 清理环境

鼠喜欢黑暗和杂乱的场所，因此，畜禽舍和加工厂等地的物品要放置整齐、通畅、明亮，使鼠不易藏身。畜禽舍周围的垃圾要及时清除，不能堆放杂物，任何场所发现鼠洞时都要立即堵塞。

3. 断绝食物来源

大量饲料应放置饲料袋内在离地面 15cm 的台或架上，少量饲料放在水泥结构的饲料箱或大缸中，并且要加金属盖，散落在地面的饲料要立即清扫干净，使鼠无法接触到饲料，鼠便不会聚集到畜禽会取食。

4. 改造厕所和粪池

鼠可吞食粪便，厕所和粪池极易吸引鼠，因此，应将这些场所改造成使老鼠无法接近粪便的结构，同时也使鼠失去藏身躲避的地方。

二、防治蚊蝇

1. 搞好畜禽场环境卫生

蚊虫需在水中产卵、孵化和发育，蝇蛆也需在潮湿的环境及粪便废弃物中生长。因此，进行环境改造、清除蚊蝇滋生场所是简单易行的方法，抓好这一环节，辅以其他方法，能取得良好的防除效果。

填平无用的污水池、土坑、水沟和洼地是永久性消灭蚊蝇的好办法。保持排水系统畅通，对阴沟、沟渠等定期疏通，勿使污水潴积。对储水池等容器加盖，以防蚊蝇飞入产卵。对不能清除或加盖的防火储水器，在蚊蝇滋生季节，应定期换水。永久性水体（如鱼塘、池塘等），蚊虫多滋生在水浅而有植被的边缘区域，修整边岸，加大坡度和填充浅湾，能有效地防止蚊虫滋生。经常清扫环境，不留卫生死角，及时清除畜禽粪便、污水，避免在场内及周围积水，保持畜牧场环境干燥、清洁。排污管道应采用暗沟，粪水池应尽可能加盖。采用腐熟堆肥和生产沼气等方法对粪便污水进行无害化处理，铲除蚊蝇滋生的环境条件。

2. 物理防治

在畜禽舍安装合适的纱门、纱窗，防止蚊蝇侵入；用光、电、声等捕杀、诱杀或驱逐蚊蝇，如使用捕蝇笼、灭蚊灯、粘蝇纸等。电气灭蝇灯、超声波对蚊蝇都具有良好的防治效果。

3. 化学防治

常用的杀虫剂有：

（1）菊酯类杀虫剂　菊酯类杀虫剂是一种神经毒药剂，可使蚊蝇等迅速呈现神经麻痹而死亡。菊酯类杀虫剂杀虫力强，特别是对蚊的毒效比敌敌畏、马拉硫磷等高 10 倍以上。对蝇类不产生抗药性，故可长期使用；对人畜毒性小，杀虫效果好。

（2）马拉硫磷　马拉硫磷为有机磷杀虫剂，是世界卫生组织推荐用的室内滞留喷洒杀虫剂，杀虫作用强而快，也可作熏杀。杀虫范围广，可杀灭蚊、蝇、蛆、虱等，对人和畜的毒害小，适于畜禽舍内使用。

（3）敌敌畏　敌敌畏为有机磷杀虫剂。具有胃毒、触毒和熏杀作用，杀虫范围广，可杀灭蚊、蝇等多种病虫，杀虫效果好，但对人畜毒害大，易被皮肤吸收而中毒，在畜禽舍内使用时，应特别注意安全。

（4）昆虫激素　近年来出现了采用人工合成的昆虫激素杀虫剂防治有害昆虫的方法。这种方法是将昆虫激素混合于畜禽饲料中，此类激素对畜禽无害且不能为畜禽利用，可杀死粪中的蛆虫。

4. 生物防治

利用有害昆虫的天敌灭虫。例如，可以结合畜禽场污水处理，利用池塘养鱼，鱼类能吞食水中的孑孓和幼虫，具有防蚊子滋生的作用。另外，蛙类、蝙蝠、蜻蜓等均为蚊、蝇等有害昆虫的天敌。此外，应用细菌制剂——内菌素杀灭血吸虫的幼虫，效果良好。

防蚊灭蝇的方法很多，畜禽场应根据本场的实际情况，灵活选用一些既经济又实用的办法，切实把蚊蝇的危害降低到最低限度。

专题七
畜禽场规划与设计关键技术

专题提示

　　现代畜禽场的规划与设计的主要内容因规划对象与规划层次的不同而异，主要分发展规划、各种项目的总体规划与单个项目的建设规划。某个区域内不同类型和层次的畜禽场的总体布局属于总体规划；而单个畜禽场的规划与设计属于项目建设规划，它的内容可归纳为：畜禽场场址选择、畜禽场工艺设计、畜禽场分区规划与布局、畜禽场的配套设施等方面。

I 畜禽场场址选择

一、畜禽场场址的基本要求

　　畜禽场场址的选择，是做好畜禽生产的第一步，一个理想的畜禽场场址，需具备以下几个条件：

　　第一，满足基本的生产需要，包括饲料、水、电、供热燃料与交通。

　　第二，足够大的面积，用于建设畜禽舍，储存饲料，堆放垫草和粪便，控制风、雪与径流，扩建，能消纳与利用粪便的土地。

　　第三，适宜的周边环境，主要包含地形与排污，自然遮护，和居民区与周边单位保持足够的距离与适宜的风向，可合理地使用附近的土地，符合当地的区域规划与环境距离的要求。图143为标准化养殖小区。

图 143　标准化养殖小区

二、场址选择的主要因素

1. 自然条件因素

（1）地势地形　地势指的是场地的高低起伏状况；地形指的是场地的形状、范围以及地物——山岭、河流、道路、草地、树林、居民点等相对平面位置状况。畜禽场的场地必须选在地势较高、平坦、排水良好与向阳避风的地方。地形要求开阔整齐，地形整齐便于合理布置牧场建筑物和各种设施，并有利于充分利用场地。地形狭长，建筑物布局势必拉大距离，使道路、管线加长，并给场内运输和管理造成不便。地形不规则或边角太多，则会使建筑物布局凌乱，且边角部分无法利用。

平原地区一般场地比较平坦、开阔，场址应注意选择在较周围地段稍高的地方，以利排水。地下水位要低，以低于建筑物地基深度 0.5m 以下为宜。

靠近河流、湖泊的地方，应比当地水文资料中最高水位高 1～2m，以防涨水时受水淹没。低洼潮湿的建场，不利于畜禽的体热调节和肢蹄健康，而利于病原微生物和寄生虫的生存，造成畜禽频繁发病，并严重影响建筑物的使用寿命。

山区建场应选在稍平缓坡上，坡面向阳，避免冬季北风的侵袭，总相对坡度不超过 25%，建筑区相对坡度应在 2.5% 以内。坡度过大，不但在施工中需要大量填挖土方，增加工程投资，而且在建成投产后也会给场内运输和管理工作造成不便。山区建场还要注意地质构造情况，避开断层、滑坡、塌方的地段，也要避开坡底和谷地以及风口，以免受山洪和暴风雪的袭击，如图 144。

图 144 平原和山区养殖场

（2）水源水质 畜禽场的生产过程需要大量的水，而水质好坏直接影响牧场人、畜健康。畜禽场要有水质良好和水量丰富的水源，同时便于取用和进行防护。首先要了解水源的情况，如地下水（河流、湖泊）的流量，汛期水位；地下水的初见水位和最高水位，含水层的层次、厚度和流向。对水质情况需了解酸碱度、硬度、透明度，有无污染源与有害化学物质等。同时，对提取水样做水质的物理、化学与生物污染等方面的化验分析。这样便于计算拟建场地地段范围内的水的资源，供水能力，能否满足畜禽场生产、生活、消防用水的要求。在仅有地下水源地区建场，第一步应先打一眼井。如果打井时出现任何意外，如流速慢、泥沙或水质问题，最好是另选场址，这样可减少损失。对畜牧场而言，建立自己的水源，确保供水是十分必要的。另外，水源水质和建筑工程实施用水也有关系，主要与砂浆和钢筋混凝土拌水的质量要求有关。水中有机质在混凝土凝固过程中发生化学反应，会降低混凝土的强度、锈蚀钢筋，形成对钢混结构的破坏。

水量充足是指能满足场内人、畜饮用和其他生产、生活用水的需要，且在干燥或冻结时期也能满足场内全部用水需要。人员生活用水可按每人每天 $20 \sim 40L$ 计算，家畜饮用水和饲料管理用水可按表 4—2 估算。消防用水按我国防火规范规定，场区设地下式消火栓，每处保护半径不大于 $50m$，消防水量按每秒 $10L$ 计算，消防延迟时间按 $2min$ 考虑。灌溉用水则应根据场区绿化、饲料种植情况而定。

水质要清洁，不含细菌、寄生虫卵及矿物毒物。在选择地下水作水源时，要调查是否因水质不良而出现过某些地方性疾病。国家农业部在《畜禽饮用水质量标准》（NY 5027—2008）、《无公害食品 畜禽产品加工用水水质》（NY

5028—2008)中明确规定了无公害畜牧生产中的水质要求。水源不符合饮用水卫生标准时，必须经净化消毒处理，达到标准后方能引用。

(3)土壤　土壤的物理、化学、生物学特征，对牧场的环境、生产影响力较大。要求土壤未被生物学、化学、放射性物质污染过，因土壤一旦被污染，自净周期很长。

土壤类型，应是透水透气性强、毛细血管作用弱，吸湿性和导热性弱，质地均匀，抗压性强的土壤。黏土的透水、透气性差，降水后易潮湿、泥泞，若受到粪尿等有机物的污染后，进行厌氧分解而产生有害气体，污染场区空气，且有机物在厌氧条件下降解速度慢，污染物不易被消除，进而通过水的流动和渗滤污染水体。突然潮湿也易造成各种微生物、寄生虫和蚊蝇滋生，并易使建筑物受潮，降低其隔热性能和使用年限。此外，黏土的抗压能力较小，易膨胀，需加大基础设计强度。沙土及沙石土的透水透气性好，易干燥，受有机污染后自净能力强，场区空气卫生状况好，抗压能力一般较强，不易冻胀；但其热容量小，场区昼夜温差大。沙壤土和壤土的特性介于沙土和黏土之间，应是做畜牧场最好的土壤，但它们同时也是最有农耕价值的土壤，为不与农争田，也为了降低土地购置费用，一般可选择沙土或沙石土作畜牧场地，但要求土地未被病原污染过。

对施工地段地质状况的了解，主要是收集工地附近的地质勘察资料，地层的构造状况，如断层、陷落、塌方及地下泥沼地层。对土层土壤的了解也很重要，如土层土壤的承载力，是不是膨胀土或回填土。膨胀土遇水后膨胀，导致基础破坏，不能直接作为建筑物基础的受层力；回填土土质松紧不均，会造成建筑物基础不均匀沉降，使建筑物倾斜或遭破坏。遇到这样的土层，需要做好加固处理，不便处理的或投资过大的则应放弃选用。此外，了解拟建地段附近土质情况，对施工用材也有意义，如砂层可以作为砂浆、垫层的骨料，可以就地取材节省投资。

(4)气候因素　主要指与建筑设计有关和造成畜禽场小气候的气候气象资料，如气温、风力、风向及灾害性天气的情况。拟建地区常年气象变化包括平均气温、绝对最高气温和最低气温、土壤冻结程度、降水量和积雪深度、最大风力、常年主导风向、风频率、日照情况等。气候资料不仅在畜禽舍热工设计时需要，而且对畜禽场的防暑、防寒措施及畜禽舍朝向、遮阳设施的设置等均有非常重要的意义。风向、风力、日照情况与畜禽舍的建筑方位、朝向、间距、排列次序均有关系。

2. 社会条件因素

（1）地理位置　畜禽场场址尽量接近饲料产地与加工地，靠近产品销售地，确保其有合理的运输半径。畜禽场要求交通便利，能源充足，有利防疫，便于粪便处理和利用，尤其是大型集约化商品场，其物资需求与产品销量很大，对外联系密切，所以要保证交通方便。畜禽场周围 3km 内无大型化工厂、矿工或其他畜禽场等污染源。畜禽场外必须通有公路，不过不能和主要交通线路交叉。为了确保防疫安全，避免噪声对健康与生产性能的影响，畜禽场和主要干道的距离一般在 300m 以上。按照畜禽场建设标准，要求距离国道、省际公路 500m；距省道、区际公路 300m；一般道路 100m。对有围墙的畜禽场，距离可适当缩短 50m；距居民区 1 000 ～ 3 000m。

（2）水电供应　供水及排水要统一考虑，可采用自来水公司供水系统，但需要了解水量能否保证。也可在本场打井修建水塔，采用深层水作为主要供水来源或者作为地面水量不足时的补充水源。畜禽场的生产和生活用电都要求可靠的供电条件，特别是一些生产环节如孵化、育雏、机械通风等电力供应必须绝对保证。要了解供电源的位置，与畜禽场的距离，最大供电允许量，是否常停电，有无可能双路供电等。一般建设畜禽场都要求有二级供电电源。在三级以下供电电源时，则需自备发动机，以保证场内供电的稳定可靠。为减少供电投资，应尽可能靠近输电线路，以缩短新线路敷设距离。

（3）疫情环境　为防止畜牧场受到周围环境的污染，选址时应避开居民点的污水排出口，不能将场址选择化工厂、屠宰场、制革厂等极易产生环境污染企业的下风或附近。不同畜禽场，特别是具有共患传染病的畜禽种，两场间应该保持安全距离。

3. 其他

（1）土地征用　选择场址必须符合本地区农牧业生产发展总体规划、土地利用发展规划和城乡建设发展规划的用地要求。必须遵守十分珍惜和合理利用土地的原则，不得占用基本农田，尽量利用荒地和劣地建场。大型畜禽企业分期建设时，场址选择应一次完成，分期征地。近期工程应集中布置，征用土地满足本期工程所需面积。远期工程可预留用地，随建随征。征用土地可按场区总平面设计图计算实际占地面积。以下地区或地段的土地不宜征用：规定的自然保护区、生活饮用水水源保护区、风景旅游区，受洪水或山洪威胁及有泥石流、滑坡等自然灾害多发地带，自然环境污染严重的地区。

（2）畜禽场外观　要注意畜舍建筑和蓄粪池的外观。例如，选择一种长形建筑，可利用一个树林或一个自然山丘作背景，外加一个修整良好的草坪和一个车道，给人一种美化的环境感觉。在畜禽舍建筑周围嵌上一些碎石，既能接住房顶流下的水（比建屋顶水槽更为经济和简便），又能防止啮齿类动物的侵入。

畜禽场的畜禽舍特别是蓄粪池一定要避开邻近居民的视线，可能的话，利用树木等将其遮挡起来。不要忽视畜禽场应尽的职责，建设安全护栏，防止儿童进入，为蓄粪池配备永久性的盖罩。

（3）与周围环境的协调　多风地区尤其在夏秋季节，由于通风良好，有利于畜禽场及周围难闻气温的扩散，但易对大气环境造成不良影响。因此，畜禽场和蓄粪池应尽可能远离周围住宅区，以最大限度地驱散臭味、减轻噪声和减低蚊蝇的干扰，建立良好的邻里关系。

应仔细核算粪便和污水的排放量，以准确计算粪便的储存能力，并在粪便最易向环境扩散的季节里，储存好所产生的所有粪便，防止深秋至翌年春天因积雪、冻土或涝地易使粪便发生流失和扩散。建场的同时，最好是规划一个粪便综合处理利用厂，化害为益。

在开始建设以前，应获得市政、建设、环保等有关部门的批准。

II 畜禽场工艺设计

一、畜禽场生产工艺设计的基本原则

畜禽生产工艺涉及整体、长远利益，其适宜与否，对建成后的正常运转、生产管理与经济效益都将产生很大的影响。适宜的畜禽生产工艺能够解决生产中各个环节的衔接关系，以充分发挥其品种的生产潜力、促进品种改良。应遵循以下几个基本原则：必须是现代化的、科学化的畜禽生产企业；通过环境调控措施，消除不同季节气候差异，实现全年均衡生产；采用工程技术手段，保证做到环境自净，确保安全生产；建立专业场，专业车间，实行专业化生产，以便能高水平发挥技术专长与管理；畜禽舍设置符合畜禽生产工艺流程与饲养规模，每一个阶段畜禽数量、栏位数、设备应按比例配套，尽可能使畜禽舍得到充分的利用；全场或小区或整舍使用"全进全出"的运转方式，以切断病原微生物的繁衍途径；分工明确，责任到人，落实定额，与畜禽舍分栋配套，以群划分，以人定责，以舍定岗。

二、畜禽生产工艺设计的内容与方法

1. 畜禽场的性质和任务

（1）畜禽场的性质 畜禽场的性质通常按繁殖体系分为原种场（曾祖代场）、祖代场、父母代场与商品场。畜禽场的规模一般根据市场需要、国家规定以及能量供应、管理水平及环境污染等，鉴于畜禽场污物处理的难度，新建畜禽场规模不宜过大，尤其是离城镇较近的牧场。国外早已对畜禽生产规模形成了法律性文件，规定了每平方千米载畜量。

（2）畜禽场的任务 原种场的任务是生产配套的品系，向外提供祖代种畜、种蛋、精液、胚胎等，原种场由于育种工作的严格要求，必须单独建场，不允许进行纯系繁育以外的任何生产活动，一般由专门的育种机构承担；祖代场的任务是改良品种，运用从原种场获得的祖代产品，通过科学的方法来繁殖培育下级场所所需的优良品质，通常，培育一个新的品种，需要有大量的资金和较长的时间，并且要有一定数量的畜牧技术人员，现在家畜品种的祖代场一般饲养有四个品系；父母代场的任务是利用从祖代场获得的畜种，生产商品所需的种源；商品代场是利用从父母代场获得的种源专门从事商品代畜产品的生产。一般来说，祖代场、父母代场与商品代场常常是以一业为主，兼营其他性质的生产活动。如祖代鸡场在生产父母代种蛋、种鸡的同时，也有分场生产一些商品代蛋鸡供应市场。商品代猪场为了解决本场所需的种源，往往也饲养相当数量的父母代种猪。

奶牛场一般区分不明显，因为在选育中一定会产生商品奶。故表现出同时向外供应鲜奶和良种牛双重任务，但各场的侧重点不同，有的以供奶为主，有的则着重于选育良种。

2. 畜禽场的规模

有的按存栏头（只）数计，有的则按年出栏商品畜禽数计。如商品鸡场和猪场、肉牛场按年出栏量计，种猪场亦可按基础母猪数计，种鸡场则多按种鸡套数计，奶牛场则按产乳母牛数计等，如表50、表51。

表50　养鸡场种类及规模的划分*

类别			大型场	中型场	小型场
种鸡场	祖代鸡场		≥ 1.0	< 1.0，≥ 0.5	< 0.5
	父母代	蛋鸡场	< 0.5	< 3.0，≥ 1.0	< 0.5
		肉鸡场	< 0.5	< 5.0，≥ 1.0	< 0.5
蛋鸡场			≥ 20.0	< 20.0，≥ 5.0	< 0.5
肉鸡场			≥ 100.0	< 100.0，≥ 50.0	< 0.5

注：* 规模单位：万只，万鸡位；肉鸡年出栏数，其余鸡场规模系成年母鸡鸡位。

表51　养猪场种类及规模的划分

类型	年出栏商品猪头数	年饲养种猪头数
小型场	≤ 5 000	≤ 300
中型场	5 000 ~ 10 000	300 ~ 600
大型场	> 10 000	> 600

畜禽场性质与规模确定，应当按照市场要求，而且考虑技术水平、投资能力与各方面条件。种畜禽场需尽量纳入国家或地区的繁殖体系，其性质与规模和国家或地区的需求与计划相适应，建场时需慎重考虑。盲目追求高层次，大规模极易造成失败。场区面积应本着节约用水、少占或不占耕地的原则，根据初步设计确定的面积和长度来选择。尚未做出初步设计时，可根据拟建畜禽场的性质和规模确定。

3. 畜禽生产工艺流程

（1）猪场生产工艺流程　现代化养猪普遍采用分段式饲养，"全进全出"的生产工艺，它是适合集约化养猪生产要求，提高养猪生产效率的保证。同样它也需要首先要根据当地的经济、气候、能源交通等综合条件因地制宜地确定饲养模式。猪场的饲养规模不同，技术水平就不一样，为了使生产和管理方便、系统化，提高生产效率，可以采用不同的饲养阶段。例如，猪场的四段饲养工艺流程设计为空怀及妊娠期—哺乳期—仔猪保育期—生长育肥期，确定工艺后，同时确定生产节拍。生产节拍也称为繁殖节律，是指相邻两群哺乳母猪转群的时间间隔（天数），在一定时间内对一群母猪进行人工授精或组织自然交配，使其受胎后及时组成一定规模的生产群，以保证分娩后形成确定规模的哺乳母猪群，并获得规定数量的仔猪。合理的生产节拍是"全进全出"工艺的前提，是有计划利用猪舍和合理组织劳动生产管理，均衡生产商品肉猪的基础。根据猪场规模，年产 5 万～ 10 万头商品肉猪的大型企业多实行 1d 或 2d 制，即每天有一批母猪配种、产仔、断奶、仔猪保育和肉猪出栏；年产 1 万～ 3 万头商品肉猪的企业多实行 7d 制；一般猪场采用 7d 制生产节拍便于生产和生产劳动的组织管理。

这种"全进全出"的方式可以采用以猪舍局部若干栏位为单位转群，转群后进行清洗消毒，也有的猪场将猪舍按照转群的数量分隔成单元，以单元"全进全出"；如果猪场规模在 3 万～ 5 万头，可以按每个生产节拍的猪群设计猪舍，全场以舍为单位"全进全出"。年出栏在 10 万头左右的猪场，可以考虑以场为单位实行"全进全出"生产工艺。

猪场规模为 10 万头左右工艺流程如图 145 所示。

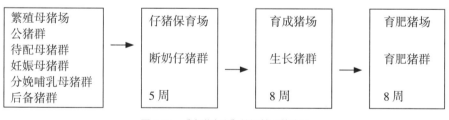

图 145 "全进全出"的饲养工艺流程

以场为单位实行"全进全出"制，有利于防疫，有利于管理，可以避免猪场过于集中给环境控制和废弃物处理带来负担。

需要说明的是饲养阶段的划分不是固定不变的。例如，有的猪场将妊娠母猪群分为妊娠前期和妊娠后期，以加强对妊娠母猪的饲养管理，提高母猪的分娩率；如果收购商品肉猪按照生猪屠宰后的瘦肉率高低计算价格，为了提高瘦肉率一般将育肥期分为育肥前期和育肥后期，仔育肥前期自由采食，育肥后期限制饲喂。总之，饲养工艺流程中饲养阶段的划分必须根据猪场的性质和规模，以提高生产力水平为前提来确定。

（2）各种鸡种生产工艺的流程 各种生产鸡种生产工艺的设计关系到生产效率，应遵循单栋舍、小区或全场的"全进全出"原则。在现代化养鸡场中首先要确定饲养模式，通常一个饲养周期分育雏、育成和成年鸡3个阶段。育雏期为0～7周龄，育成期为8～20周龄，成年产蛋鸡为21～76周龄。商品肉鸡场由于肉鸡上市时间在6～8周龄，一般采用一段式地面或网上平养。

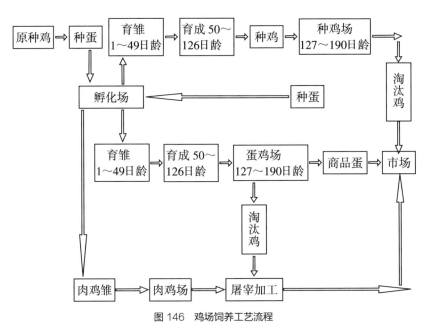

图146 鸡场饲养工艺流程

由饲养工艺流程可以确定鸡舍类型：鸡场饲养工艺流程如图146所示。由图中可以看出，工艺流程确定之后需要建什么样的鸡舍也就随之确定下来了。例如，图中凡标明日龄的就是要建立的相应鸡舍。如种鸡场，要建育雏舍，该舍饲养1～49日龄鸡雏；要建育成舍，该舍接受由育雏舍转来的50日龄鸡雏，从50～126日龄在育成舍饲养；还需建种鸡舍，饲养90～127日龄的种鸡，其他舍以此类推。

4. 主要工艺参数

生产工艺参数是现代畜禽场的生产能力、技术水平、饲料消耗和以前相应设置的重要根据。一般来说，这些工艺参数是畜禽场投产后的成长指标和定额的指标。参数的正确与否，对整个设计和生产流程组织都将产生很大影响，所以，应当对参数反复推敲，谨慎确定。主要生产指标包括：根据养殖场畜禽品种、性质、畜群结构、主要的畜群生产性能指标如种畜禽利用年限，公母畜比例，种蛋受精率，种蛋孵化率，年产蛋量，畜禽各饲养阶段的死淘率，饲料好料量、繁殖周期、情期受胎率，年产窝（胎）数，窝（胎）产活仔数，仔畜出生重和劳动定额等。猪场工艺参数见表 52。

表 52 某万头商品猪场工艺参数

项目	参数	项目	参数
妊娠期（d）	114	每头母猪年产活仔数[头/（头·年）]	
哺乳期（d）	35	出生时	19.8
保育期（d）	28～35	35 日龄	17.8
断乃至受胎（d）	7～14	30～70 日龄	16.9
繁殖周期（d）	159～163	71～180 日龄	16.5
母猪年产胎次（胎/年）	2.24	每头母猪年产肉量[活重 kg/（头·年）]	1 575.0
母猪窝产仔数（头/窝）	10	平均日增重[g/（头·d）]	
窝产活仔数（头/窝）	9	出生至 35 日龄	156
成活率（%）		36～70 日龄	386
哺乳仔猪（%）	90	71～180 日龄	645
断奶仔猪（%）	95	公母猪年更新率（%）	33
生长育肥猪（%）	98	母猪情期受胎率（%）	85
出生至 180 日龄体重（kg/头）		公母比例（本交）	1∶25
出生重（kg）	1.2	圈舍消毒空圈时间（d）	7

项目	参数	项目	参数
35 日龄(kg)	6.5	繁殖节律(d)	7
70 日龄	20	周配种次数	1.2 ~ 1.4
180 日龄	90	母猪临产前进产房时间(d)	7
		母猪配种后原圈观察时间(d)	21

5. 各种环境参数

工艺设计中，应提供温度、湿度、通风量、风速、光照时间与强度、有害气体浓度、利用年限、生产性能指标和饲料定额等。

6. 饲养方式

鸡的饲养方式可以分为笼养、网上平养、局部网上饲养与地面平养(图147、图 148)。猪的饲养方式大部分都使用单栏饲养与小群饲养方式(图149)。奶牛的饲养方式通常分为拴系饲养、定位饲养、散放饲养等(图 150)。

图 147　鸡笼养、网上平养

图 148　鸡局部网上饲养、地面平养

图 149　猪单栏饲养与小群饲养

图 150　奶牛拴系饲养、散放饲养

7. 畜群结构与畜群周转

任意一个畜禽场，在明确生产性质、规模、生产工艺以及相应的各种参数后，就可判断各类畜群和饲养天数，将畜群划分为若干阶段，然后对每个阶段的存栏数量进行计算，确定畜禽结构组成。根据畜禽组成以及各类畜禽之间的功能关系，可制订相应的生产计划与周转流程。

根据畜禽场规模，一般以适繁母畜为核心组成畜群。然后按照饲养工艺不同的饲养阶段确定各类畜群、饲养天数及畜群组成。不同规模猪场猪群结构见表 53。

表 53　不同规模猪场猪群结构（单位：头）

猪群种类	存栏头数					
生产母猪	100	200	300	400	500	600
空怀配种母猪	25	50	75	100	125	150

猪群种类	存栏头数					
妊娠母猪	51	102	153	204	255	306
哺乳母猪	24	48	72	96	120	144
后备母猪	10	20	26	39	46	52
公猪(含后备公猪)	5	10	15	20	25	30
哺乳仔猪	200	400	600	800	1 000	1 200
保育仔猪	216	438	654	876	1 092	1 308
生长育肥	495	990	1 500	2 010	2 505	3 015
总存栏	1 026	2 058	3 095	4 145	5 168	6 205
全年上市商品猪	1 612	3 432	5 148	6 916	8 632	10 348

前面述及规模化猪场的生产节拍大多为 7d，各段饲养期也就形成了若干周数。生产中一般把各个饲养群分为若干组，猪多以组为单位由一个饲养阶段转入下一个饲养阶段。当生产节拍为 7d 时，各阶段周转猪组的数目正好是这个饲养阶段的饲养周期。每个饲养群各周转猪组数日龄正好相差 1 周。各饲养段猪组数保持不变。

规模化鸡场的鸡群组成见表 54，蛋鸡场鸡群周转计划和鸡舍比例方案见表 55。

在集约化畜禽场生产工艺中，应尽量采用"全进全出"的转群方式，畜禽舍和设备可经彻底消毒、检修后空舍 1～2 周后再接受新群，这样有利于兽医的卫生防疫，可防止疫病的交叉感染，目前我国的鸡场，大多都采用"全进全出"的转群制度。

表54　20万只综合蛋鸡场的鸡群组成

项目	商品代			父母代			
				雏鸡和育成鸡		成年鸡	
	雏鸡	育成鸡	成年鸡	公	母	公	母
入舍数量（只）	264 479	238 692	222 222	395	3 950		
成活率（%）	95	98	90	90	90		
选留率（%）	95	95		90	90		
期末数量（只）	238 692	222 222	200 000	320	3 200	312	3 112

表55　蛋鸡场鸡群周转计划和鸡舍比例方案

方案	鸡群类别	周龄	饲养天数	消毒空舍天数	占舍天数	占舍天数比例	鸡舍栋数比例
1	雏鸡	0～7	49	19	68	1	2
	育成鸡	8～20	91	11	102	1.5	3
	产蛋鸡	21～76	392	16	408	6	12
2	雏鸡	0～6	42	10	52	1	1
	育成鸡	7～19	91	13	104	2	2
	产蛋鸡	20～76	399	17	416	8	8

三、畜禽场工程工艺设计

建场前工作的场区规划和建筑设计、设别选型与配套以及建设中的工程施工都必须依靠工程技术。畜禽场建成后的饲养管理、环境控制等依然离不开工程技术。

1. 畜禽场工艺设计中的要点

规模化畜禽生产的饲养密度高、技术规范严，实行企业管理。为使畜禽场有良好效益，在工程工艺设计时应注意几点：国土面积、节能意识、动物需求、环保工程、清洁生产、工程防疫等。

2. 工程工艺设计的原则

节约土地，有节能意识，关注动物需求，人性化操作，清洁生产，工程防疫。

3. 工程工艺设计的主要内容

根据生产工艺提出的饲养规模、饲养方式、饲养管理定额、环境参数等，对相关工程设施，仔细推敲，以确保工程技术的可行性与合理性，并在此基础上来确定不同畜禽舍的种类与数量，选择畜禽舍建筑形式与建设标准，确定单体建筑平面图、剖解图的基本尺寸、设备选型、畜禽舍环境控制技术、工程防疫、粪污处理与利用技术等工程技术方案。

III 畜禽场分区规划与布局

一、畜禽场规划

场地规划是指将畜禽场内划分为几个区，合理安排其相互关系。

1. 畜禽场地规划的目的

合理利用场地，便于卫生防疫，便于组织生产、提高劳动生产率。

2. 功能分区与总体布局

（1）分区规划应遵守的原则　　在体现方针、任务的前提下，做到节约用地；应全面考虑畜禽粪尿、污水处理利用；合理利用地形地物，有效利用原有道路、供水、供电线路及原有建筑物等，以减少投资，降低成本；为场区今后的发展留有余地。

（2）畜禽场建筑设施组成　　畜禽场建筑与设施因畜禽不同而异，见表56、表57、表58。

表 56　鸡场建筑设施

	生产建筑设施	辅助生产建筑设施	生活与管理建筑
种鸡场	育雏舍、育成舍、种鸡舍、孵化厅	消毒门廊、消毒沐浴室、兽医化验室、急宰间和焚烧间、饲料加工间、饲料库、蛋库、汽车库、修理间、变配电房、发电机房、水塔、蓄水池和压力罐、水泵房、物料库、污水及粪便处理设施	办公用房、食堂、宿舍、文化娱乐用房、围墙、大门、门卫、厕所、场区其他工程
蛋鸡场	育雏舍、育成舍、蛋鸡舍		
肉鸡场	育雏舍、肉鸡舍		

表 57　猪场建筑设施

生产建筑设施	辅助生产建筑设施	生活与管理建筑
配种、妊娠舍	消毒沐浴室、兽医化验室、急宰间和焚烧间、饲料加工间、饲料库、汽车库、修理间、变配电房、发电机房、水塔、蓄水池和压力罐、水泵房、物料库、污水及粪便处理设施	办公用房、食堂、宿舍、文化娱乐用房、围墙、大门、门卫、厕所、场区其他工程
分娩哺乳舍		
仔猪培育舍		
育肥猪舍		
病猪隔离舍		
病死猪无害化处理设施		
装卸猪台		

表 58　牛场建筑设施

	生产建筑设施	辅助生产建筑设施	生活与管理建筑
奶牛场	成年奶牛舍、青年牛舍、育成牛舍、犊牛舍或犊牛岛、产房、挤奶厅	消毒沐浴室、兽医化验室、急宰间和焚烧间、饲料加工间、饲料库、青贮窖、干草房、汽车库、修理间、变配电房、发电机房、水塔、蓄水池和压力罐、水泵房、物料库、污水及粪便处理设施	办公用房、食堂、宿舍、文化娱乐用房、围墙、大门、门卫、厕所、场区其他工程
肉牛场	母牛舍、后备牛舍、育肥牛舍、犊牛舍		

（3）畜禽场功能分区　畜禽场的功能分区指的是将功能相同或相似的建筑物集中在场地一定范围内。畜禽场通常分为生活管理区、辅助生产区、生产区和隔离区。生活管理区和辅助生产区应位于场区常年主导的上风处和地势较高处，隔离区位于场区常年主导风向的下风处和地势较低处（图151、图152）。

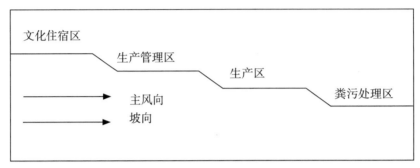

图 151　按地势、风向的分区规划示意图

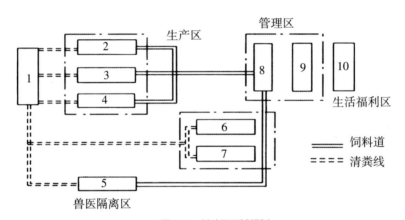

图 152　某鸡场区域规划

1. 粪污处理　2、3、4. 产蛋鸡舍　5. 兽医隔离区　6、7. 育雏、育成舍　8. 饲料加工

9. 料库　10. 办公生活区

另外，进行畜禽场总体布局时，首先应考虑人的工作条件和生活环境，其次是保证畜禽群不受污染源的影响，因此应遵循以下要求：生活管理区和生产辅助区应位于常年主导风向的上风处和地势较高处，隔离区位于常年主导风向的下风处和地势较低处；生产区与生活管理区、辅助生产区应严格分开；辅助生产区的设施要紧靠生产区布置；管理区应靠近场区大门内侧集中布置；隔离区与生产区之间应设置卫生间距和绿化隔离带。

二、畜禽场建筑设施布局

1. 依据生产环节确定建筑物之间的最佳生产联系

（1）建筑物排列　畜禽场的建筑物通常是横向成排（东西），竖向成列（南北）。要根据当地气候、场地地形、地势、建筑物种类与数量，尽可能做到合理、整齐、紧凑和美观。畜禽场畜舍布置的主要有单列式、双列式和多列式等形式。

（2）建筑物的位置　功能关系，是指放射建筑物和设施之间，在畜禽生产中的相互关系。畜禽生产过程中由很多生产环节组成，可以在不同建筑物中进行。畜禽场建筑物的布局应按彼此间的功能联系统筹安排，将联系密切的建筑物与设施相互靠近安置，以便生产，否则将会影响生产的顺利进行且导致无法克服的后果。

为了便于卫生防疫，场地地势和当地主风向恰好一致时容易安排，管理区与生产区的建筑物在上风口与地势高处，病畜禽管理区内建筑物在下风口与地势低处。

2. 为减轻劳动强度、提高劳动强度创造条件

必须在遵守兽医卫生与防火要求的基础上，按建筑物之间的功能联系，尽可能使建筑物配置紧凑，以保证最短的运输、供电与供水线路，同时为实现生产过程机械化、减少基建投资、管理费用和生产成本创造条件。

3. 畜禽舍朝向

应考虑当地地理纬度、地段环境、局部气候特征及建筑用地条件等因素。适宜的朝向不仅可以合理利用太阳辐射，夏季避免过多热量进入舍内，冬季则最大限度地允许太阳辐射进入舍内提高舍温，同时，还能合理利用主风向，改善通风条件，以获得良好的畜禽舍环境。确定畜禽舍最佳朝向很复杂，需要充分了解各地的主导风向，包括风向频率图以及太阳高度角。我们可以根据日照确定畜禽舍朝向，也要根据通风、排污要求来确定朝向。

4. 畜禽舍间距的确定

排列时畜禽舍与舍之间均有一定距离要求。若距离过大，可能导致占地太多、浪费土地，而且会增加道路、管线等基础设施长度，增加投资，管理也不方便；若距离过小，则将加大各舍间的干扰，对畜禽舍采光、通风防疫、防火等不利。要综合考虑到采光、通风、防疫和消防等因素，来规划设计合适的畜舍间距。

畜禽舍的间距主要由防疫间距来决定。间距的设计可按表 59、表 60 参考选用。

表 59　鸡舍防疫间距（单位：m）

类别		同类鸡舍	不同类鸡舍	距孵化场
祖代鸡场	种鸡舍	30 ~ 40	40 ~ 50	100
	育雏、育成舍	20 ~ 30	40 ~ 50	50 以上
父母代鸡场	种鸡舍	15 ~ 20	30 ~ 40	100
	育雏、育成舍	15 ~ 20	30 ~ 40	50 以上
商品鸡场	蛋鸡舍	10 ~ 15	15 ~ 20	300 以上
	肉鸡舍	10 ~ 15	15 ~ 20	300 以上

表 60　猪、牛舍防疫间距（单位：m）

类别	同类畜舍	不同类畜舍
猪场	10 ~ 15	15 ~ 20
牛场	10 ~ 15	15 ~ 20

IV 畜禽场的配套设施

一、防护措施

为了保证畜禽场防疫安全，避免一切可能的污染与干扰，畜禽场四周要建立较高围墙或防疫沟，以防止场外人员和其他动物进入场区。

在场内各区域间，也可设较小的防疫沟或围墙，或种植隔离林带。不同年龄的畜群，应使它们之间留有足够的卫生防疫距离。

在畜禽场大门及各区域入口处，应设消毒池、人的脚踏消毒槽或喷雾或喷雾消毒室更衣换鞋间等。装设紫外线灭菌灯，应强调照射时间。

二、畜禽运动场

舍外运动场应当选在背风向阳的地方，一般利用畜禽舍间距，也可在畜禽舍两侧分别设置。运动场的面积既要能保证畜禽自由活动，又要节约用地，通常家畜运动场的面积按每头家畜所占舍内平均面积的 3～5 倍计算。运动场要平坦，稍有坡度，便于排水与保持干燥。在运动场的西侧及南侧，应设遮阳棚或种植树木，以遮挡夏季烈日。运动场围栏外应设排水沟。

三、道路规划

畜禽场道路包括与外部交通道路联系的场外干道和场区内部道路。场外干道担负着全场的货物和人员的运输任务，路面最小宽度应能保证两辆中型运输车辆的错车，为6～7m。场内道路的功能不仅是运输，同时也具有卫生防疫作用，因此道路规划设计要满足分流与分工、联系简洁、路面质量、路面宽度和绿化防疫等要求。

道路分类，按功能分为人员出入、运输饲料用的清洁道（净道）与运输粪污、病死畜禽的污物道（污道），有些场还设供畜禽转群和装车外运的专用通道。按道路负担的作用分为主要干道、次要干道和支道。

道路设计标准，清洁道通常是常去的主干道，路面最小宽度要求保障运输车辆通行，单车道宽度3.5m，双车道6.0m，易用水泥混凝土路面，也可选择用整齐石块或条石路面，路面横坡（路面横断方向的坡度，即高度与水平距离之比）为1.0%～1.5%，纵坡（路面纵向的坡度）为0.3%～8.0%。污道宽度3.0～3.5m，路面宜用水泥混凝土路面，也可用碎石、石灰渣土路面，但这类面横坡为2.0%～4.0%，纵坡0.3%～8.0%。与畜禽舍、饲料库、产品库、兽医建筑物、储粪场等连接的次要干道与支道，宽度一般为2.0～3.5m。

对道路规划设计的要求有：一是要求净污分开与分流明确；二是要求路线简洁；三是路面质量好，要求坚实、排水良好；四是道路的设置应不妨碍场内排水，路两侧应有排水沟，并应植树；五是道路通常和建筑物长轴平行或垂直布置。

四、场内的排水设施

目的是为了排除雨水、雪水，保持场地干燥卫生。通常在道路一侧或两侧设明沟排水，沟壁、沟底可砌砖、石。

五、储粪池的设置

应设在生产区的下风向，与畜禽舍至少保持 100m 的卫生间距，便于运往农田。储粪池通常深为 1m，宽 9～10m，长 30～50m。底部用黏土夯实或做水泥底。

畜禽舍的设计要满足畜禽的生产和生活需要，满足动物福利，同时又要便于饲养管理。畜禽舍设计的内容包括畜禽舍类型选择、畜禽舍平面设计、剖面设计和立体设计等。平面设计包括圈栏、舍内通道、门、窗、排水系统、粪尿沟、环境调控设备、附属用房等；剖面设计内容包括确定畜禽舍各部位、各种构件以及舍内设备或设施的高度尺寸。

参考文献

[1]GB/T 17824.3-2008，规模化养猪场环境参数及环境管理[S].

[2]Lewis，赵晓芳. 光照对肉鸡生长速度和饲料利用率的影响[J]. 中国家禽，2008，30（1）：39-40.

[3]Noblet J，Le dividich J，Van Milgen J. Thermal environment and swine nutrition［M］. In：Swine nutrion. 2nd edition. CRC Press LLC，2001.

[4]安立龙. 家畜环境卫生学[M]. 北京：高等教育出版社，2011.

[5]蔡长霞. 畜禽环境卫生[M]. 北京：中国农业出版社，2006.

[6]董红敏. 分娩猪舍滴水降温系统试验研究[J]. 农业工程学报，1998，14（4）：168-172.

[7]董艳萍，赵凤蕖，王欣，等. 畜禽舍恶臭污染控制新技术[J]. 农业灾害研究，2012，2（04）：39-42.

[8]冯春霞. 家畜环境卫生[M]. 北京：中国农业出版社，2001.

[9]贵州省畜牧兽医学校. 家畜环境卫生（第二版）［M］. 北京：中国农业出版社，2012.

[10]何晴，董红敏，陶秀萍，等. 畜禽场排出空气的净化技术[J]. 中国农业气象，2000（4）：18-21.

[11]李保明. 家畜环境与设施[M]. 北京：中央广播电视大学出版社，2004.

[12]李凯年，逯德山. 为畜禽生存、生长与生产构建良好的环境（上）[J]. 中国动物保健，2008（12）：15-20.

[13]李凯年,逯德山.为畜禽生存、生长与生产构建良好的环境(下)[J].中国动物保健,2009(1):15-22.

[14]李明丽,刘学洪,鲁绍雄.紫外线照射对动物免疫系统影响的研究进展[J].家畜生态学报,2008,29(4):95-96.

[15]李震钟.家畜环境卫生学附牧场设计[M].北京:中国农业出版社,2000.

[16]李震钟.家畜环境生理学[M].北京:中国农业出版社,1999.

[17]刘鹤翔.家畜环境卫生[M].重庆:重庆大学出版社,2007.

[18]刘虹,陈良惠.我国半导体照明发展战略研究[J].中国工程科学,2011,13(6):39-42.

[19]刘建,张庆才,曾丹,等.LED灯光照对笼养蛋鸡生长发育和生产性能的影响[J].中国家禽,2012,34(10):16-19.

[20]刘卫东,赵云焕.畜禽环境控制与牧场设计[M].郑州:河南科学技术出版社,2012.

[21]马承伟.我国南方地区畜禽舍夏季采用浅层地道风降温问题的探讨[J].农业工程学报,1997,13(S):173-176.

[22]邵燕华.中国南方地区夏季猪舍降温效果的实验研究[M].杭州:浙江大学出版社,2002.

[23]汪开英,代小蓉.畜禽场空气污染对人畜健康的影响[J].中国畜牧杂志,2008(10):32-35.

[24]王清义,王占彬,杨淑娟.光照对仔猪和繁殖母猪的影响[J].黑龙江畜牧兽医,2003,(8):66-67.

[25]魏荣,李卫华.农场动物福利良好操作指南[M].北京:中国农业出版社,2011.

[26]颜培实,李如治.家畜环境卫生学[M].4版.北京:高等教育出版社,2011.

[27]张德宁,袁洪波,李丽华.基于STC89C52和TSL2561的鸡舍光照测控系统[J].农机化研究,2011,6:149-152.

[28]张学松.色光对家禽生产的影响[J].中国家禽,2002,24(3):39-41.